中等职业教育化学工艺专业规划教材编审委员会

主任 邬宪伟

委员（按姓名笔画排列）

丁志平　王小宝　王建梅　王绍良　王黎明
开　俊　毛民海　乔子荣　邬宪伟　庄铭星
刘同卷　苏　勇　苏华龙　李文原　李庆宝
杨永红　杨永杰　何迎建　初玉霞　张　荣
张　毅　张维嘉　陈炳和　陈晓峰　陈瑞珍
金长义　周　健　周玉敏　周立雪　赵少贞
侯丽新　律国辉　姚成秀　贺召平　秦建华
袁红兰　贾云甫　栾学钢　唐锡龄　曹克广
程桂花　詹镜青　潘茂椿　薛叙明

中等职业教育化学工艺专业规划教材
全国化工中等职业教育教学指导委员会审定

化工生产认识

付长亮　苏华龙　主编
陈瑞珍　主审

化学工业出版社
·北京·

本教材根据中国化工教育协会编制的《全国中等职业教育化学工艺专业教学标准》编写，主要内容有：认识化学工业及化工生产；认识化工安全；认识化工污染与化工环保；认识化工管路；认识化工阀门；认识化工检测仪表；认识压力容器；认识换热器；认识塔设备等。

在内容组织上侧重于化学工业的概况，化工生产的特点，化工企业对人才的基本要求；化工安全的重要性及个人防护，防火、防爆、防尘、防毒基本知识；化工污染物的来源及危害，化工污染的综合防治；化工生产所用管路、阀门、仪表、压力容器、换热器、塔设备的作用、类型、结构等。

本教材可供中等职业学校化学工艺专业使用，也可作为相关专业的培训教材以及有关技术人员的参考资料。

图书在版编目（CIP）数据

化工生产认识/付长亮，苏华龙主编．—北京：化学工业出版社，2008.7（2024.9重印）
中等职业教育化学工艺专业规划教材
ISBN 978-7-122-03082-5

Ⅰ．化⋯　Ⅱ．①付⋯②苏⋯　Ⅲ．化工过程-专业学校-教材　Ⅳ．TQ02

中国版本图书馆CIP数据核字（2008）第097386号

责任编辑：旷英姿　　　　　　　　　　文字编辑：王淑燕
责任校对：吴　静　　　　　　　　　　装帧设计：周　遥

出版发行：化学工业出版社（北京市东城区青年湖南街13号　邮政编码100011）
印　　装：北京建宏印刷有限公司
787mm×1092mm　1/16　印张12　字数283千字　2024年9月北京第1版第10次印刷

购书咨询：010-64518888　　　　　　　售后服务：010-64518899
网　　址：http://www.cip.com.cn
凡购买本书，如有缺损质量问题，本社销售中心负责调换。

定　价：32.00元　　　　　　　　　　　　　　　　　　　　版权所有　违者必究

序

"十五"期间我国化学工业快速发展，化工产品的种类和产量大幅度增长，随着生产技术的不断进步，劳动效率不断提高，产品结构不断调整，劳动密集型生产已向资本密集型和技术密集型转变。化工行业对操作工的需求也发生了较大的变化。随着近年来高等教育的规模发展，中等职业教育生源情况发生了较大的变化。因此，2006年中国化工教育协会组织开发了化学工艺专业新的教学标准。新标准借鉴了国内外职业教育课程开发的成功经验，充分依靠全国化工中职教学指导委员会和行业协会所属企业确定教学标准的内容，注重国情、行情与地情，同时符合中职学生的认知规律。在全国各职业教育院校的努力下，经反复研究论证，于2007年8月正式出版化学工艺专业教学标准——《全国中等职业教育化学工艺专业教学标准》。

在此基础上，为进一步推进全国化工中等职业教育化学工艺专业的教学改革，于2007年8月正式启动教材建设工作。根据化学工艺专业的教学标准（以核心加模块的形式），将煤化工、石油炼制、精细化工、基本有机化工、无机化工、化学肥料等作为选用模块的特点，确定选择其中的19门核心和关键课程进行教材编写招标，有关职业教育院校对此表示了热情关注。

本次教材编写按照化学工艺专业教学标准，内容体现行业发展特征，结构体现任务引领特点，组织体现做学一体特色。从学生的兴趣和行业的需求出发安排知识和技能点，体现出先感性认识后理性归纳、先简单后复杂循序渐进的特点，任务（项目）选题案例化、实战化和模块化，校企结合，充分利用实习、实训基地，通过唤起学生已有的经验，并发展新的经验，善于让教学最大限度地接近实际职业的经验情境或行动情境，追求最佳的教学效果。

新一轮化学工艺专业的教材编写工作得到许多行业专家、高等职业院校的领导和教育专家的指导，特别是一些教材的主审和审定专家均来自职业技术学院，在此对专业改革给予热情帮助的所有人士表示衷心的感谢！我们所做的仅仅是一些探索和创新，但还存在诸多不妥之处，有待商榷，我们期待各界专家提出宝贵意见！

邬宪伟
2008年5月

前　言

本教材是根据中国化工教育协会编制的《全国中等职业教育化学工艺专业教学标准》而编写的。

本书主要作为中等职业院校化工类专业学生认识实习的教材。主要内容有化学工业在国民经济中的地位、化工生产的特点、化工企业的生产组织运行结构、化工企业对人才的基本要求、化工环保、安全、管路、阀门、容器、仪表、换热器、塔设备等基本知识。目的是使学生在学习专业基础课和专业课之前，对化工生产的概况和所用设备的类型、作用、结构能有初步的了解，使学生能牢固树立专业观念，提高对本专业学习的兴趣。

本教材在编写形式上采用项目化教学，任务驱动的方式。以一系列的活动为主线，把希望学生学习了解的内容作为参考材料，期望学生在这些活动中能够主动查阅相关内容，自主学习相关知识。活动的设计依赖于希望学生学习了解的内容，活动的形式没有统一的标准，对不同的内容可以设计成不同的活动，对同样的内容，不同的老师设计的活动项目也可能不一样，书中设计的活动仅作为教师在实际教学时的参考，但要求学生学习了解的内容却是确定的。

对于化工认识实习，各个学校的做法不一，没有统一使用的教材。在这次的编写过程中，我们仔细研究了教学标准，围绕相关的知识点和能力目标的要求，精心组织了适合化工认识实习的内容。在内容的编写上尽力体现"体验、认识、学习、思考"的原则，使学生在已有文化知识的基础上去认知全新的专业知识。

本教材由河北化工制药职业技术学院陈瑞珍主审，河南化工职业学院付长亮、苏华龙主编。其中付长亮编写项目一、项目四和项目五，苏华龙编写项目二和项目三，江苏盐城技师学院的吴卫国编写项目六和项目七，付大勇编写项目八和项目九。在编写过程中得到了河南化工职业学院朱东方院长、徐州工业职业技术学院周立雪院长、广东石油化工学校侯丽新校长的指导，义马气化厂张爱民、高波在"化工企业对人才的基本要求"部分提出了合理化建议，在此表示衷心的感谢。

项目教学在国外的职业教育中发展的很成熟，在国内却是新生事物，这方面的经验我们还比较欠缺。另外，由于我们的水平所限，在编写的内容和设计的活动中可能存在不足之处，欢迎广大专家和同行批评指正。

编　者
2008 年 4 月

目 录

项目一 认识化学工业及化工生产 1
  任务一 认识化学工业 1
    活动一 了解什么叫化学工业 1
    活动二 对化学工业认识的资料交流 1
    活动三 了解化学工业的特点 4
    活动四 化学工业生产特点资料的交流 4
  任务二 认识化工生产 6
    活动一 了解化工企业的职能部门 6
    活动二 资料交流 7
    活动三 了解化工生产的管理知识 8
  任务三 了解化工企业对人才的基本要求 9
    活动一 了解现代企业对人才的基本要求 9
    活动二 资料交流 10
    活动三 了解化工企业对人才素质的要求 12

项目二 认识化工安全 19
  任务一 了解化工安全生产的重要性及安全生产的原则 19
    活动一 感受安全的重要性 19
    活动二 了解化工生产中的安全问题 20
    活动三 资料交流 21
    活动四 认识安全生产的重要性 21
    活动五 了解安全生产的原则及措施 22
  任务二 了解化工生产中的危险源 24
    活动一 了解所实习企业的化学危险物 24
    活动二 资料交流 25
    活动三 认识各类危险化学品的标志 26
    活动四 了解化工企业的危险设施 31
  任务三 了解化工生产中的个人防护知识 32
    活动一 了解安全帽的使用 32
    活动二 了解眼睛和面部的防护用品 32
    活动三 了解脚部防护的基本知识 32
    活动四 了解手部防护的知识 33
    活动五 了解听力防护知识 33
    活动六 了解防护服的使用 33
    活动七 运转机器旁的安全防护 34
    活动八 运输工作中的安全防护 34
    活动九 了解货物存放和堆垛的安全事项 35

  任务四 了解防火防爆的基本知识 ································· 35
    活动一 认识燃烧 ······································· 35
    活动二 认识爆炸 ······································· 37
    活动三 了解防火防爆的安全措施 ··························· 39
    活动四 资料交流 ······································· 39
    活动五 认识火灾 ······································· 41
    活动六 认识灭火的原理 ································· 42
    活动七 认识消防设施 ··································· 42
    活动八 认识和使用干粉灭火器 ··························· 45
    活动九 认识和使用泡沫灭火器 ··························· 46
    活动十 认识和使用二氧化碳灭火器 ······················· 47
  任务五 了解防尘防毒基本知识 ····························· 48
    活动一 了解尘毒的种类及来源 ··························· 48
    活动二 资料交流 ······································· 49
    活动三 了解尘毒物质的危害 ····························· 50
    活动四 了解防尘毒的主要措施 ··························· 52
    活动五 了解常见防尘、防毒用品的性能特点及使用 ········· 53

项目三 认识化工污染与化工环保 ································· 58
  任务一 化工污染物的种类及来源 ··························· 58
    活动一 认识生活中的污染物 ····························· 58
    活动二 资料交流 ······································· 58
    活动三 认识化工生产中的污染物 ························· 58
    活动四 资料交流 ······································· 59
  任务二 认识化工废水 ······································· 60
    活动一 了解化工废水的来源 ····························· 60
    活动二 了解废水的危害 ································· 61
  任务三 认识化工废气 ······································· 64
    活动一 了解化工废气的来源 ····························· 64
    活动二 认识化工废气的危害 ····························· 65
  任务四 认识化工废渣 ······································· 66
    活动一 了解化工废渣的来源 ····························· 66
    活动二 了解化工废渣的危害 ····························· 68
  任务五 了解化工污染的综合防治措施 ······················· 68
    活动一 认识化工污染的防治 ····························· 68
    活动二 资料交流 ······································· 68

项目四 认识化工管路 ··· 73
  任务一 认识化工管子 ··································· 73
    活动一 认识化工管子的种类 ····························· 73
    活动二 了解化工管子的特点及使用场合 ················· 73
  任务二 认识管件的种类及应用 ····························· 76
    活动一 认识管件 ······································· 77

活动二　了解管件在生产中应用 …………………………………………… 80
　任务三　了解化工设备的涂色和标志 ……………………………………………… 80
　　活动一　了解管道颜色和管道液体的对应关系 …………………………… 80
　　活动二　了解化工设备的表面色 …………………………………………… 81
　　活动三　了解化工设备的标志 ……………………………………………… 81

项目五　认识化工阀门 …………………………………………………………… 87
　任务一　了解阀门的基础知识 ……………………………………………………… 87
　　活动一　认识阀门的作用 …………………………………………………… 87
　　活动二　认识阀门的基本参数 ……………………………………………… 88
　　活动三　了解阀门的型号编制规则 ………………………………………… 89
　任务二　了解阀门在化工生产中的应用 …………………………………………… 91
　　活动一　认识旋塞阀 ………………………………………………………… 91
　　活动二　认识球阀 …………………………………………………………… 92
　　活动三　认识蝶阀 …………………………………………………………… 94
　　活动四　认识截止阀 ………………………………………………………… 96
　　活动五　认识闸阀 …………………………………………………………… 98
　　活动六　认识隔膜阀 ………………………………………………………… 100
　　活动七　认识安全阀 ………………………………………………………… 101
　　活动八　认识节流阀 ………………………………………………………… 103
　　活动九　认识止回阀 ………………………………………………………… 104
　　活动十　认识疏水阀 ………………………………………………………… 106
　　活动十一　认识非金属阀 …………………………………………………… 114
　任务三　了解阀门的标志与识别的基本知识 ……………………………………… 116
　　活动一　了解阀门的涂色 …………………………………………………… 116
　　活动二　了解阀门的标志 …………………………………………………… 117
　　活动三　阀门的识别 ………………………………………………………… 119

项目六　认识化工检测仪表 ……………………………………………………… 120
　任务一　了解检测仪表的基本知识 ………………………………………………… 120
　　活动一　认识化工检测仪表在化工生产中的地位及作用 ………………… 120
　　活动二　了解测量过程与测量误差 ………………………………………… 121
　　活动三　了解化工测量仪表的性能指标 …………………………………… 122
　　活动四　了解化工测量仪表的分类 ………………………………………… 123
　任务二　认识压力检测仪表 ………………………………………………………… 123
　　活动一　了解压力检测仪表的作用及类型 ………………………………… 123
　　活动二　了解弹性式压力计的结构及特点 ………………………………… 124
　　活动三　了解电气式压力计的结构及特点 ………………………………… 125
　　活动四　了解压力计的选用及安装 ………………………………………… 126
　任务三　认识流量检测仪表 ………………………………………………………… 128
　　活动一　了解流量检测仪表的作用及类型 ………………………………… 128
　　活动二　了解转子流量计的特点及结构 …………………………………… 129
　　活动三　了解椭圆齿轮流量计的特点及结构 ……………………………… 129

活动四　了解孔板流量计、文丘里流量计、涡轮流量计的特点及结构 …… 129
　　任务四　认识物位检测仪表 …… 130
　　　活动一　了解物位检测仪表的作用及类型 …… 130
　　　活动二　了解直读式液位仪表的特点及结构 …… 131
　　　活动三　了解电磁式液位计的特点及结构 …… 132
　　　活动四　了解称重式液罐计量仪、核辐射物位计的特点 …… 132
　　任务五　认识温度检测仪表 …… 133
　　　活动一　了解温度检测仪表的作用及类型 …… 133
　　　活动二　了解玻璃管温度计的特点及结构 …… 134
　　　活动三　了解双金属温度计的特点及结构 …… 134
　　　活动四　了解热电偶温度计、热电阻温度计的特点及结构 …… 135

项目七　认识压力容器 …… 137
　　任务一　认识压力容器的作用、常用材料及分类 …… 137
　　　活动一　认识压力容器的作用 …… 137
　　　活动二　认识化工容器常用材料 …… 138
　　　活动三　了解压力容器的分类 …… 139
　　任务二　认识反应压力容器 …… 140
　　　活动一　了解反应压力容器的作用及类型 …… 140
　　　活动二　了解固定床反应器的特点及结构 …… 141
　　　活动三　了解流化床反应器的特点及结构 …… 141
　　　活动四　了解釜式反应器的特点及结构 …… 142
　　任务三　认识储存式压力容器 …… 143
　　　活动　了解储存容器的作用及类型 …… 143
　　任务四　了解压力容器的安全知识 …… 144
　　　活动一　了解压力容器的安全技术 …… 144
　　　活动二　了解气瓶的安全使用 …… 145

项目八　认识换热器 …… 147
　　任务一　了解换热器的作用及传热机理 …… 147
　　　活动一　认识换热器在化工生产中的作用及地位 …… 147
　　　活动二　认识换热器的传热机理 …… 150
　　任务二　了解换热器的分类 …… 150
　　　活动　了解换热器的类别及分类方法 …… 150
　　任务三　了解换热器在化工生产中的应用 …… 152
　　　活动一　认识管式换热器 …… 152
　　　活动二　认识板式换热器 …… 155
　　　活动三　认识热管换热器 …… 158
　　任务四　了解换热器的操作与保养 …… 159
　　　活动一　了解换热器的基本操作方法 …… 159
　　　活动二　了解换热器的维护和保养 …… 160

项目九　认识塔设备 …… 163
　　任务一　了解塔设备的相关知识 …… 163

活动一　认识塔设备的作用 ……………………………………………… 163
　　活动二　认识塔设备的常用材料 …………………………………………… 164
　　活动三　了解塔设备的分类及一般构造 …………………………………… 164
　　活动四　了解塔设备的现状及要求 ………………………………………… 166
　任务二　认识填料塔 ……………………………………………………………… 166
　　活动一　了解填料塔的相关知识 …………………………………………… 167
　　活动二　认识塔填料的类型及性能 ………………………………………… 167
　　活动三　了解塔填料的选择及安装 ………………………………………… 169
　　活动四　了解填料塔的内部构件及辅助设备 ……………………………… 170
　任务三　认识板式塔 ……………………………………………………………… 171
　　活动一　了解板式塔的基本知识 …………………………………………… 171
　　活动二　认识常用板式塔的类型及特点 …………………………………… 172
　　活动三　了解板式塔的辅助设备 …………………………………………… 176
参考文献 ……………………………………………………………………………… 177

项目一　认识化学工业及化工生产

项目说明

本项目学习了解化学工业及化工生产的相关知识。主要内容有：化学工业的定义、分类和产品；化学工业在国民经济中的地位、作用和特点；化工企业的职能部门及化工生产管理；化工生产对操作人员的基本要求等。

主要任务

■ 认识化学工业；

■ 认识化工生产；

■ 了解化工企业对人才的基本要求。

任务一　认识化学工业

任务目标：能够了解化学工业含义、地位、发展史，化工产品的种类和化学工业生产的特点。

活动一　了解什么叫化学工业

在本活动中，要求通过查阅相关书籍、网络资源或向老师、工人师傅咨询，找一找关于化学工业定义的相关知识，记录下来，并完成表1-1。

表1-1　对化学工业的认识表

项　　目	内　　容	信息来源
化学工业的定义		
在生活中接触到的化工产品		

活动二　对化学工业认识的资料交流

把所获得的资料和其他同学进行交流，看别人的理解和自己的想法有什么不同，并完成表1-2。

表1-2　对化学工业认识的交流表格

交流同学姓名	对化学工业的认识	生活中接触的化工产品
自己的新理解		

 **参考材料**

化学工业的定义、分类及产品

化学工业是指生产过程中化学方法占主要地位的制造业，它是通过化工生产技术将原料转化为化学产品的工业。

化学工业既是原材料工业，又是加工工业；既有生产资料的生产，又有生活资料的生产，所以化学工业的范围很广，在不同时代和不同国家里不尽相同，其分类也比较复杂。广义地讲，化学工业是"化学加工工业"，这就应把诸如冶金、建材、造纸、食品制造等一些虽然具有化学加工性质，却早已独立的工业部门也包括进来，但这样的定义范畴太宽了。

通常，在习惯上将化学工业分为无机化学工业和有机化学工业，但这种划分已不能完全适应化学工业的发展需要。一般按产品应用可分为化学肥料工业、染料工业、农药工业等；按原料可分为煤化工、天然气化工、石油化工、无机盐化工、生物化工等；按生产规模或加工深度又可分为大化工、精细化工等。

在我国，按照国家统计局对工业部门的分类，将化学工业分为基本化学原料、化学肥料、化学农药、有机化工、日用化学品、合成化学材料、医药工业、化学纤维、橡胶制品、塑料制品、化学试剂等。

经过50多年的发展，我国已经形成了门类比较齐全、品种大体配套并基本可以满足国内需要的化学工业体系。目前有化学矿山、化肥、无机化学品、纯碱、氯碱、基本有机原料、农药、染料、涂料、新领域精细化工、橡胶加工、新材料等12个主要行业。

化学工业的主要产品包括有机原料、合成树脂、合成纤维、合成单体和聚合物、合成橡胶；合成氨、尿素、磷肥、钾肥；三酸两碱；橡胶加工及农药、染料、涂料油漆、医药、中间体、食品添加剂、饲料添加剂、表面活性剂、水处理剂及各种助剂、催化剂、无机氧化物和盐类等精细化学品及化学矿物、化工装备等。

化学工业的地位与作用

化学工业是国民经济基础产业之一，与国民经济各领域及民众生活密切相关。化学工业为工农业生产提供重要的原料保障，其质量、数量以及价格上的相对稳定，对工农业生产的稳定与发展至关重要，极大地促进和支持其他工业持续发展；化学工业同时肩负着为国防工业生产配套高技术材料的任务，并提供常规战略物资。

2006年，化工行业24159户规模以上企业，完成工业总产值4.26万亿，同比增长26.7%；主营业务收入4.20万亿，同比增长27.4%；工业增加值1.21万亿，同比增长23.6%；利润4377亿元，同比增长18.25%。主营业务收入占全国工业的13.6%，利润占全国工业的23.3%（39个工业大类，石油和化工创造利润占近1/4）。

化肥、农药、原油加工、乙烯等40多个石油和化学工业产品产量已经位居世界前列。化肥、合成氨、纯碱、硫酸等多年来一直是总产量世界第一，乙烯达941万吨，超过日本位居第二，原油加工3.07亿吨，原油加工能力仅次于美国，也是世界第二。我国已跃居第三大石油和化学工业经济体。

化学工业的发展简史

化学工业的发展与其他相关工业的发展有很大关系。陶瓷、冶炼、酿造、染色等古老的化学工艺过程在18世纪以前就已被人们掌握，但均为作坊式手工工艺。18世纪初叶建成了以硫矿石和硝石为原料的铅室法硫酸厂，这是第一个典型的化工厂。1791年路布兰法制碱工艺诞生，满足了纺织、玻璃、肥皂等工业的需要，有力地推动了当时在英国开始的产业革命。这种方法对化学工业的发展有很大贡献，其洗涤、结晶、过滤、干燥、煅烧等化工单元过程的原理一直沿用至今。从18世纪末到20世纪初，接触法制硫酸取代了铅室法，索尔维氨碱法取代了路布兰法，以酸、碱为基础的无机化学工业初具规模。

1942年我国制碱专家侯德榜先生成功发明了制碱并联产氯化铵的新工艺——侯氏制碱法，不仅提高了食盐的利用率，又减少了环境污染。

19世纪中叶，在德国首创了肥料工业和煤化学工业，人类进入了化学合成的时代。炼铁工业的发展促进了炼焦工业的发展，人们发现从炼焦副产物煤焦油中可分离出苯、萘、苯酚等芳香族化合物，它们是发展染料工业的重要原料，从而促使染料、农药、香料和医药等有机化工得到迅速发展，而化肥和农药在农作物增产中又起到了重要作用。19世纪下半叶，形成了以煤焦油化学为主体的有机合成工业，直到1910年，电石用于生产乙炔并作为基本有机化工产品的原料以后，才真正有了基本有机化学工业。1905年德国化学家哈伯发明了合成氨技术，标志着化学工业取得重大飞跃，1913年在化学工程师C.博施的协助下建成世界上第一个合成氨厂，促进了氮肥及炸药等工业的快速发展。这标志着高温、高压、催化反应在工业上实现了重大突破，同时又在催化剂研制和开发应用、耐腐蚀合金钢冶炼、耐高压反应器设计和制造、工艺流程组织、煤的气化、气体分离净制技术、能量合理利用等方面取得一系列成就，成为化学工业发展史上的一个里程碑，有力地推动了无机和有机化工的发展。一般认为，合成氨是现代化肥工业的开端，也标志着现代化学工业的伊始。

自20世纪初期以来，石油和天然气得到大量开采和利用，向人类提供了各种燃料和丰富的化工原料，尤其是自发明石油烃类高温裂解技术后，生产了大量的基本有机化工原料，开辟了更多生产有机化工产品的新技术路线。

1920年，美国新泽西标准石油公司采用了C.埃利斯发明的丙烯水合制异丙醇生产工艺，标志着石油化工的兴起。在20世纪40年代，管式炉裂解烃类工艺和加氢重整工艺开发成功，使乙烯和芳烃等基本有机化工原料有了丰富、廉价的来源。20世纪60年代以来，以石油和天然气为原料，经多次加工，生产出包括基本有机化工原料、合成氨和三大合成材料（合成橡胶、合成树脂、合成纤维）在内的化学工业得到突飞猛进的发展，形成了一个新型工业部门——石油化学工业。它的产品品种、产量和产值均已后来居上，到1986年，我国石油化工企业的产值和利税已超过其他化工企业的总和，石油化工成为我国国民经济的主要支柱产业之一。20世纪80年代以来，随着科学技术的进步，节能降耗备受人们的关注，一系列低能耗工艺、节能型流程不断涌现出来，大大推进了化工节能技术的发展，产品成本进一步降低，石油化工企业的利润大大提高。

高分子化工经历了天然高分子原料的加工、改性，以煤焦油和电石乙炔为原料的合成，以石油化工为基础的单体原料聚合等几个阶段，到20世纪30年代，建立了高分子化学体系，合成高分子材料得到迅速发展。1931年氯丁橡胶在美国实现工业化，1937年聚己二酰己二胺（尼龙-66）合成工艺诞生并于1938年投入工业化生产，高分子化工蓬勃发展起来。到20世纪40年代实现了腈纶、涤纶纤维的生产，50年代形成了大规模生产塑料、合成橡胶和合成纤维的产业，人类进入了合成材料时代，进一步推动了工农业生产和科学技术的发展，人类生活水平得到了显著的提高。

在石油化工和高分子化工发展的同时，为满足人们生活的更高需求，产品批量小、品种多、功能优良、附加价值高的精细化工也很快发展起来。当今，化学工业的发展重点之一就是进一步综合利用资源，充分、合理、有效地利用能源，提高化工生产的精细化率和绿色化水平。

近年来,世界各国都高度重视发展新技术、新工艺,开发新产品,增加高附加值产品品种和产量,而且新材料的开发与生产成为推动科技进步、培植经济新增长点的一个重要领域。重点发展复合材料、信息材料、纳米材料以及高温超导体材料等,这些材料的设计和制备的许多技术必须运用化工技术和工艺。可见,不断创新的化工技术在新材料的制造中发挥了关键作用,同时,化学工程与生物技术相结合,引起了世界各国的广泛重视,已经形成具有宽广发展前景的生物化工产业,给化学工业增添了新的活力。

与发达国家相比,我国的化学工业结构还不合理,生产技术比较落后,产品成本比较高,环境污染比较严重。面对入世,我国化学工业的发展还面临艰巨而光荣的任务,需要进一步优化产业结构,建立现代企业制度,培养大批的技术人才,积极引进新技术和新装备,开发新工艺和新产品,努力提高产品质量,节能降耗,降低生产成本,搞好环境保护,赶超世界先进水平。

活动三　了解化学工业的特点

在本活动中,要求到化学工业生产的现场进行参观,并向工人师傅和老师咨询,了解化学工业生产有什么样的特点,并完成表1-3。

表1-3　对化学工业生产特点的认识表

项　目	自己的认识
化工生产的特点	

活动四　化学工业生产特点资料的交流

在本活动中,要求同其他同学交流一下对化学工业生产特点的认识,看别人的认识和自己的认识有什么不同,并完成表1-4。

表1-4　对化学工业生产特点认识的交流表格

序　号	交流同学姓名	对化学工业生产特点的认识
1		
2		
3		
4		

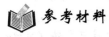 参考材料

现代化学工业的特点

现代化学工业有很多区别于其他工业部门的特点,主要体现在以下几个方面。

1. 原料路线、生产方法和产品品种的多方案性与复杂性

用同一种原料可以制造多种不同的化工产品;同一种产品可采用不同原料、不同方法和工艺路线来生产;同一种原料可以通过不同生产方法和技术路线生产同一种产品;一种产品可以有不同的用途,而不同的产品又可能会有相同用途。由于这些多方案性,化学工业能够为人类提供越来越多的新物质、新材料和新能源。同时,多数化工产品的生产过程是多步骤的,有的

步骤及其影响因素很复杂，生产装备和过程控制技术也很复杂。

2. 生产过程综合化、装置规模大型化、化工产品精细化

化工生产存在着不同形式的纵向和横向联系。生产过程的综合化既可以使资源和能源得到充分、合理的利用，就地将副产物和"废料"转化成有用产品，做到没有废物排放或排放最少；又可以表现为不同化工厂的联合及其与其他产业部门的有机联合。例如，在核电站建化工厂，就可以利用反应堆的尾热使煤转变成合成气（$CO+H_2$），进而用于生产汽油、柴油、甲醇以及许多 C_1 化工产品。

装置规模增大，其单位容积、单位时间的产出率随之显著增大，有利于降低产品成本和能量综合利用。例如，在20世纪50年代中期，乙烯单系列生产规模仅有年产乙烯50kt，且成本很高，经济效益很低；到70年代初扩大为年产200kt，成本降低了40%，利润有所提高；而70年代以后，工业发达国家新建的乙烯装置年产乙烯均在300kt以上，许多国家是年产500~1000kt乙烯的大型厂。当然，考虑到设计、仓储、运输、安装、维修和安全等诸多因素的制约，装置规模的增大也应有度。

精细化不仅指生产小批量的化工产品，更主要的是指生产技术含量高、附加产值高的具有优异性能或功能并能适应快速变化的市场需求的产品。化学工艺和化学工程也更精细化，人们已能在原子水平上进行化学品的合成，使化工生产更加高效、节能和绿色化。

3. 技术和资金密集，经济效益好

高度自动化和机械化的现代化学工业，正朝着智能化方向发展。它越来越多地依靠高新技术并迅速将科研成果转化为生产力，如生物与化学工程、微电子与化学、材料与化工等不同学科的相互结合，可创造出更多优良的新物质和新材料。计算机技术的高水平发展，已经使化工生产实现了远程自动化控制，也将给化学品的合成提供强有力的智能化工具，由于可以准确地进行新分子、新材料的设计与合成，节省了大量的人力、物力和实验时间。现代化学工业虽然装备复杂，生产流程长，技术要求高，建设投资大，但化工产品产值较高，成本低，利润高，因此化学工业是技术和资金密集型行业，它需要高水平、有创造性和开拓能力的多种学科不同专业的技术专家，以及受过良好教育及训练、懂得生产技术的操作和管理人员。化学工业的产值是国民经济总产值指标的重要组成部分。

4. 注重能量合理利用，积极采用节能技术

化工生产是由原料主要经化学反应转化为产品的过程，同时伴随有能量的传递和转换，必须消耗能量。化工生产部门是耗能大户，合理用能和节能显得尤为重要，许多生产过程的先进性体现在采用了低能耗工艺或节能工艺。例如以天然气为原料的合成氨生产过程，近年来出现了许多低能耗工艺、设备和流程，也开发出一些节能型催化剂，并将每生产1t液氨的能耗由 35.87×10^6 kJ 降低至 28.04×10^6 kJ。耗能高的方法或工艺已经或即将淘汰，例如聚氯乙烯单体的生产，过去用乙炔与氯化氢合成氯乙烯，而乙炔由耗电量很大的电石法获得并产生大量废渣，这种工艺已由能耗和成本均较低的乙烯氧氯化法所取代。同样，食盐水溶液电解制烧碱和氯气的石棉隔膜法也因耗能高而且生产效率低已被先进的离子膜法所取代。其他一些诸如膜分离、膜反应、等离子体化学、生物催化、光催化和电化学合成等具有提高生产效率和节约能源前景的新方法、新过程的开发和应用均受到高度重视。

5. 安全生产要求严格

化工生产具有易燃、易爆、有毒、高温、高压、腐蚀性强等特点，工艺过程多变，不安全因素很多，不严格按工艺规程生产，就容易发生事故。但只要采用安全的生产工艺，有可靠的安全技术保障、严格的规章制度及监督机构，事故是可以避免的。尤其是连续性的大型化工装置，

要想发挥现代化生产的优越性,保证高效、经济地生产,就必须高度重视安全,确保装置长期、连续地安全运行。采用无毒无害的清洁生产方法和工艺过程,生产环境友好的产品,创建清洁生产环境,大力发展绿色化工,是化学工业赖以持续发展的关键之一。

任务二 认识化工生产

任务目标:能够了解化工企业有哪些职能部门以及化工生产管理的基本知识。

活动一 了解化工企业的职能部门

在本活动中,要求分组到化工企业的人事部或劳资部门咨询,了解化工企业有哪些职能部门?到工厂的各部门做调查,看一看各部门的主要职责是什么?完成表1-5。

表 1-5 化工企业各职能部门及职责调查表

部门	职责

参考材料

化工企业的运行结构

化工生产过程指的是化工企业从原料出发,完成某一化工产品生产的全过程。化工生产过程的核心即是工艺过程,为了保证工艺过程能够正常运行,并能达到应有的社会效益和经济效益,往往还需要设置若干生产辅助部门以及一些管理系统。为此,不论是大型的化工企业,还是中、小型的化工厂都应由完成化工生产任务不可缺少的若干个(至少有一个)工艺生产车间和动力、机修、仪表等辅助车间(或维修组)以及担负各种管理任务的职能科室组成。

1. 工艺生产车间

生产车间主要完成化工生产过程的操作控制,以使生产能够安全、稳定地进行。在一个工厂通常有几个车间，而每个车间又可划分为多个岗位，每个岗位处于生产流程的不同位置，操作控制的内容各不相同。

2. 生产辅助部门

工艺流程主要是由化工设备和仪表控制系统组成，工艺人员要使用这些设备和仪表来完成生产任务。为了保证化工设备和仪表的正常使用，必须配备维护、修理部门，同时设备的运转也离不开动力系统。因此，在化工厂必须要设置相应的生产辅助部门来提供这些化工生产的必备条件，这些部门主要如下。

（1）动力车间　动力车间要为工业生产系统和生活系统提供所有的公用工程。①要保证生产和生活用电的供应及用电设备的检修；②要根据生产控制的温度和加热、蒸发的需要提供热源（如高压或低压蒸汽、燃料油或燃料气等）；③要提供降温用的冷源（如循环冷却水、低温水、冷冻盐水等）；④提供生产和生活用水（如工艺用的无离子纯水、软水、自来水、深井水）；⑤各种气源（仪表用空气、压缩空气、安全置换用氮气等）。

（2）机修车间　工艺人员对化工设备只负责操作和使用，而机修车间却要保证所有生产线上的运转及备用设备随时处于可正常使用的完好状态。为此除平时要注意设备运行情况的巡回检查，作必要的维护保养之外，还要按计划进行化工设备的大、小修理。

（3）仪表车间　工艺过程中不论是自动、手动，还是电子计算机的控制系统，工艺人员都只是按规定的指标使用仪表来进行操作控制，保证工艺条件稳定在适宜范围。而仪表系统一旦出现故障，就必须由仪表车间来负责检修，以保证仪表控制系统的正常运行。仪表人员平时要坚持对仪表运行情况进行巡回检查，注意维护、保养，避免因仪表故障而出现的生产事故。

3. 其他管理部门

为了使生产系统管理有序，各负其责，化工厂必须设立一些担负各种专门职能的管理部门来完成一些组织管理工作，其中主要部门如下。

（1）生产技术部门　负责全厂生产的组织、计划、管理，一般下设调度室来协调全厂生产及其他部门的关系，保证生产正常进行。另外设有工艺技术组负责全厂的工艺技术管理工作，定期做出全厂的物料平衡及工艺核算。

（2）质量检查部门　负责全厂原料、中间产品、目的产品中重要指标的质量分析，提供实验结果作为调整工艺参数的依据及产品出厂的质量指标。

（3）机械动力部门　负责全厂机器、设备的统一管理，建立设备及其运转情况的档案，定期提出设备维修及旧设备更新计划。

（4）安全部门　负责贯彻执行安全管理规程，进行日常的安全巡回检查，及时发现不安全隐患，并协同有关部门采取措施，杜绝事故的发生，保证安全生产。还要负责对全厂职工、新职工及一切进入生产现场的人员进行安全教育。

（5）环境保护部门　负责监测生产过程排放的所有废料必须符合国家规定的"三废"排放标准。同时要监督和组织有关部门重视物料的回收和综合利用，治理污染，化害为利，保护环境，造福人类。

（6）供应及销售部门　负责全厂所有原材料的采购以及产品和副产品的销售，必要时还要配合有关部门作好市场调查及技术服务，为产品的推广应用做好宣传工作。

活动二　资料交流

在本活动中，要求每一小组把所调查的材料和其他小组交流一下，看一看其他小组的调查结果是怎样的，然后对自己小组的调查结果做个补充，并完成表1-6。

表 1-6　化工企业职能部门及职责调查补充表

部　门	职　责

活动三　了解化工生产的管理知识

在本活动中,要求通过查阅相关书籍、网络资源或到化工生产现场调研,了解化工企业的生产管理知识,并完成如下问题。

1. 工艺管理的任务和内容是什么?
2. 化工生产中的工艺技术规程、安全技术规程、岗位操作法各有什么作用?

 参考材料

化工生产管理

化工生产管理是化工企业管理的重要组成部分,是对化工企业日常生产技术活动实施的计划、组织和控制,是与产品制造密切相关的各项管理工作的总称。具体地说,生产管理就是指企业内部产品制造过程的组织管理工作,是以实现产品的产量和进度为目标的管理。其内容是生产计划和生产作业计划的安排,生产控制和调度等日常管理工作。

对化工专业的学生来说,化工生产管理中很重要的一部分内容为化工工艺管理,即化工企业日常活动中的工艺组织管理工作,其任务是稳定工艺操作指标,力求将新技术应用于化工过程,同时实现化工过程最优化。化工生产过程的工艺管理工作主要由工厂的生产、技术部门和各工艺生产车间的工艺技术人员来实施完成。

工艺管理的内容有两个:一是贯彻工艺文件,进行遵守工艺纪律的宣传教育和监督检查;二是对产品的生产工艺进行整顿和改造。

1. 工艺文件的贯彻和执行

工艺管理应贯彻实施的工艺文件包括:生产工艺技术规程、安全技术规程、岗位操作法、生产控制分析化验规程、操作事故管理制度、工艺管理制度等。

各项工艺文件中,生产工艺技术规程是重点和核心,其余各项工艺文件都要依据生产工艺技术规程来制定,它也是各级生产指挥人员、技术人员和工人实施生产共同的技术依据。

生产工艺技术规程是用文字、表格和图示等将产品、原料、工艺过程、化工设备、工艺指标、安全技术要求等主要内容给以具体的规定和说明，是一项综合性的技术文件，对本企业具有法规作用。每一个企业，每一种产品都应当制定相应的生产工艺技术规程。

安全技术规程是根据产品生产过程中所涉及物料的易燃、易爆、毒性等性质以及生产过程中的不安全因素，对有关物料的贮存、运输、使用，生产过程中的电气、仪表、设备应有的安全装置、现场人员应具备的安全措施等做出的严格规定，用以确保安全生产。安全技术规程是各级管理人员、操作人员和进入生产现场的所有人员应共同遵守的制度。

岗位操作法是根据目的产品生产过程的工艺原理、工艺控制指标和实际生产经验总结编制而成的。其中对工艺生产过程的开停车步骤、维持正常生产的方法以及工艺流程中每一个设备、每一项操作都要结合本岗位配管流程图明确规定具体的操作步骤和要领。对生产过程可能出现的事故隐患、原因、处理方法要一一列举分析。工艺操作人员应严格按照岗位操作法进行操作，确保安全。岗位操作人员上岗前对本岗位操作法应认真学习、领会，经考核取得上岗操作证方可上岗操作。工艺技术管理人员对岗位操作工人应定期组织操作法学习和考核，不断总结操作经验，提高操作水平。

生产控制分析化验规程、操作事故管理制度和工艺管理制度则分别是分析人员进行原材料、中间产品及产品质量的分析依据，操作事故的处理及工艺管理过程等的有关规定。

为了保证工艺规程等工艺文件的贯彻执行，必须保持工艺文件的严肃性和相对稳定性。操作人员和技术人员都应熟练掌握并严格遵守有关规定。企业要加强对职工的技术教育和技能培训，不断提高他们的业务能力，增强其遵守职业道德和职业纪律的自觉性。生产管理部门还应建立严格的检查制度，以保证各种工艺文件的正确执行。

2. 工艺文件的优化管理

产品的工艺规程一般是在产品投入生产前，根据科研试验、新产品试制的结果和相关实际生产经验，综合制定出来的。但是，一个产品的生产工艺规程并不是一成不变的，实际的需要、市场变化会对产品质量、规格有新的要求，随着生产的发展，新的科学技术的出现，工艺技术规程都应进行必要的补充和修订，使之不断得以优化。

工艺管理工作还应该不断总结生产实践中的经验和教训，集中职工的智慧，从合理化建议中找到改进工艺技术、操作方法的措施。工艺技术人员有责任帮助职工从理论上找到合理化建议的依据，并通过正常的渠道从组织上保证合理化建议得以试验及提高其成功的可能性。若有必要，还可以在修订工艺规程时，补充到有关的工艺文件中去。

生产工艺技术规程一经编制或修订确认以后，即可作为审核、修订上述其他各项工艺文件的依据。此外还有一些如设备维修检查制度、岗位责任制、原始记录制度、岗位交接班制度、巡回检查制度等一系列技术或管理文件均可在此基础上逐步健全并贯彻执行。

任务三 了解化工企业对人才的基本要求

任务目标：能够了解化工企业对人才的基本要求和明确目标，为成为有用的人才而努力。

活动一 了解现代企业对人才的基本要求

在本活动中，要求通过调研、查阅相关书籍或网上资源，了解现代企业对人才的基本要求，并完成表1-7。

表 1-7　企业对人才素质要求的调查表

企　　业	对人才的基本要求	信　息　来　源
企业一		
企业二		
企业三		
自己的认识		

活动二　资料交流

在本活动中，要求把你的调查结果和其他同学交流一下，看一看别人的内容是怎么样的，又有什么新的认识？把你的结论修改后填入表 1-8 并上交。

表 1-8　现代企业对人才基本要求的交流表

交流同学姓名	现代企业对人才的基本要求
自己新的认识	

参考材料

国内知名企业对人才素质的要求

企业对人才的要求通常有以下几个方面。

1. 有良好的敬业精神和工作态度

工作态度及敬业精神是企业遴选人才时特别的条件。对企业忠诚和工作积极主动是企业最欢迎的人，而那些动辄想跳槽、耐心不足、不虚心、办事不踏实的人，则是企业最不欢迎的人。

一般来说，人的智力相差不大，工作成效的高低往往取决于对工作的态度，以及勇于承担任务及责任的精神；在工作中遇到挫折而仍不屈不挠、坚持到底的员工，其成效必然较高，并因此而受到公司老板和同事们的器重和信赖。

2. 有较高的专业能力和学习潜力

现代社会分工越来越细，各行各业所需专业知识愈来愈专、愈精。因此，专业知识及工作能力已成为企业招聘人才时重点考虑的问题。但在越来越多的企业重视教育训练、自行培养人才的趋势下，新进人员是否具备专业知识和工作经验已不是企业选择人才所必须具备的条件，取而代之的是该人接受训诫的可能性，即学习潜力如何。

所谓具有学习潜力，是指素质不错，有极高地追求成功的动机、学习欲望和学习能力强的人。现在有越来越多的企业在选择人员时，倾向于选用有学习潜力的人，而不是已有那么一点专业知识的人。近来，企业更流行的做法是在招聘人员时加考其志向及智力方面的试题，其目的在于测验应聘者的潜力如何。

3. 道德品行好

道德品质是一个人为人处事的根本，也是公司对人才的基本要求。一个有学问、有能力的人，如果道德品质不好，将会对企业造成极大的损害。

4. 反应能力强

对问题分析缜密，判断正确而且能够迅速做出反应的人，在处理问题时比较容易成功，尤其是私营企业的经营管理面临诸多变化，几乎每天都处在危机管理之中，只有抢先发现机遇，确切掌握时效，妥善应对各种局面，才能立于不败之地。

一个分析能力很强，反应敏捷并且能迅速而有效地解决问题的员工将是企业十分重视而大有发展前途的人才。

5. 愿意学习新东西

现代社会，科学技术的发展日新月异，市场竞争瞬息万变，企业如想要持续进步，只有不断创新，而保持现状则意味着落后。企业所开展的一切工作都是以人为主体的，因此，只有拥有学习意愿强、能够接受创新思想的员工，企业的发展才必然比较迅速。

6. 善于沟通

随着社会日趋开放和多元化，沟通能力已成为现代人们生活必备的能力。对一个企业的员工而言，必然有面对老板、同事、客户等现象，甚至还需要处理企业与股东、同行、政府、社区居民的关系，平时经常会有与其他单位或个人进行协调、解说、宣传等方面的工作，沟通能力的重要性由此而见。

7. 能够"合群"

在当今的社会里，一个人即使再优秀、再杰出，但仅凭自己的力量也难以取得事业上的成功，凡是能够顺利完成工作的人，必定要具有集体主义精神。

员工在个性特点上要具有集体主义精神或合群性，几乎已成为各种企业的普遍要求。个人英雄主义色彩太浓的人在企业里不太容易立足，因此想要做好一件事情，绝不能仅凭个人爱好独断专行。只有通过不断沟通、协调、讨论，优先从整体利益考虑，集合众人的智慧和力量，才能做出为大家接受和支持的决定，才能把事情办好。

8. 身体状况好

一位能够胜任工作的员工，除了品德、能力、个性等因素外，健康的身体也是一个重要因素。因为，成功的事业寓于健康的身体，只有身体健康的员工，做起事来才能精力充沛，干劲十足，并能担负较繁重的工作，不致因体力不支而无法完成任务。

9. 自我了解

对人生进行规划或设计的思想近来逐渐受到人们的重视。所谓人生设计，是指通过对自我的了解，选择适合的工作或事业，投身其中并为之奋斗，对财富、家庭、社交、休闲等进行切实可行的规划，以满足自己的期望。

人生目的明确，自我能力强的员工不会人云亦云、随波逐流。他们即使面临挫折，也能努力坚持，不会轻易退却，因而能在生产或其他工作中发挥主观能动性。

10. 适应环境

企业在遴选人才时，必然注重所选人员适应环境的能力，避免提拔个性极端或太富理想的人，因为这样的人较难与人和谐相处，或是做事不够踏实，这些都会影响同事的工作情绪和士气。

新人初到一个企业工作，开始时必然感到陌生，但若能在最短的时间内熟悉工作环境，并且能与同事和睦相处，取得大家的认同和信任，企业必定重视这名员工的发展潜力。反之，如果过于坚持己见处处与人格格不入，即使满腹才学，也难以施展。

活动三　了解化工企业对人才素质的要求

在本活动中，要求通过调研、查阅相关书籍或网上资源，了解化工企业对生产人员有什么要求。将查询的结果记入表 1-9。

表 1-9　化工企业对生产人员的要求

项　目	要　求
专业知识	
劳动纪律	
言行仪表	
其他	

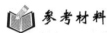参考材料

化工总控工国家职业标准

按化工总控工国家职业标准，对从事化工生产控制的操作工，除要求能遵守职业道德基础知识、掌握必备的化工生产基础知识外，还应当具备从事化工生产的基本技能。各项具体要求如下。

1. 职业道德

化工岗位职业守则

① 爱岗敬业，忠于职守。

② 按章操作，确保安全。

③ 认真负责，诚实守信。

④ 遵规守纪，着装规范。

⑤ 团结协作，相互尊重。

⑥ 节约成本，降耗增效。

⑦ 保护环境，文明生产。

⑧ 不断学习，努力创新。

2. 应知、应会基础知识

(1) 化学基础知识

① 无机化学基本知识。

② 有机化学基本知识。

③ 分析化学基本知识。

④ 物理化学基本知识。

(2) 化工基础知识

① 流体力学知识。

a. 流体的物理性质及分类。

b. 流体静力学。

c. 流体输送基本知识。
② 传热学知识。
a. 传热的基本概念。
b. 传热的基本方程。
c. 传热学应用知识。
③ 传质知识。
a. 传质基本概念。
b. 传质基本原理。
④ 压缩、制冷基础知识。
a. 压缩基础知识。
b. 制冷基础知识。
⑤ 干燥知识。
a. 干燥基本概念。
b. 干燥的操作方式及基本原理。
c. 干燥影响因素。
⑥ 精馏知识。
a. 精馏基本原理。
b. 精馏流程。
c. 精馏塔的操作。
d. 精馏的影响因素。
⑦ 结晶基础知识。
⑧ 气体的吸收基本原理。
⑨ 蒸发基础知识。
⑩ 萃取基础知识。
(3) 催化剂基础知识
(4) 识图知识
① 投影的基本知识。
② 三视图。
③ 工艺流程图和设备结构图。
(5) 分析检验知识
① 分析检验常识。
② 主要分析项目、取样点、分析频次及指标范围。
(6) 化工机械与设备知识
① 主要设备工作原理。
② 设备维护保养基本知识。
③ 设备安全使用常识。
(7) 电工、电器、仪表知识
① 电工基本概念。
② 直流电与交流电知识。
③ 安全用电知识。
④ 仪表的基本概念。

⑤ 常用温度、压力、液位、流量（计）、湿度（计）知识。
⑥ 误差知识。
⑦ 本岗位所使用的仪表、电器、计算机的性能、规格、使用和维护知识。
⑧ 常规仪表、智能仪表、集散控制系统（DCS、FCS）使用知识。

(8) 计量知识
① 计量与计量单位。
② 计量国际单位制。
③ 法定计量单位基本换算。

(9) 安全及环境保护知识
① 防火、防爆、防腐蚀、防静电、防中毒知识。
② 安全技术规程。
③ 环保基础知识。
④ 废水、废气、废渣的性质、处理方法和排放标准。
⑤ 压力容器的操作安全知识。
⑥ 高温高压、有毒有害、易燃易爆、冷冻剂等特殊介质的特性及安全知识。
⑦ 现场急救知识。

(10) 消防知识
① 物料危险性及特点。
② 灭火的基本原理及方法。
③ 常用灭火设备及器具的性能和使用方法。

(11) 相关法律、法规知识
① 劳动法相关知识。
② 安全生产法及化工安全生产法规相关知识。
③ 化学危险品管理条例相关知识。
④ 职业病防治法及化工职业卫生法规相关知识。

3. 化工生产技能

对初级工、中级工、高级工、技师、高级技师的技能要求分别见表1-10～表1-14。

(1) 初级工

表1-10 对初级工的技能要求

职业功能	工作内容	技能要求	相关知识
开车准备	工艺文件准备	①能识读、绘制工艺流程简图 ②能识读本岗位主要设备的结构简图 ③能识记本岗位操作规程	①流程图各种符号的含义 ②化工设备图形代号知识 ③本岗位操作规程、工艺技术规程
	设备检查	①能确认盲板是否抽堵、阀门是否完好、管路是否通畅 ②能检查记录报表、用品、防护器材是否齐全 ③能确认应开、应关阀门的阀位 ④能检查现场与总控室内压力、温度、液位、阀位等仪表指示是否一致	①盲板抽堵知识 ②本岗位常用器具的规格、型号及使用知识 ③设备、管道检查知识 ④本岗位总控系统基本知识
	物料准备	能引进本岗位水、气、汽等公用工程介质	公用工程介质的物理、化学特征

续表

职业功能	工作内容	技能要求	相关知识
总控操作	运行操作	①能进行自控仪表、计算机控制系统的台面操作 ②能利用总控仪表和计算机控制系统对现场进行遥控操作及切换操作 ③能根据指令调整本岗位的主要工艺参数 ④能进行常用计量单位换算 ⑤能完成日常的巡回检查 ⑥能填写各种生产记录 ⑦能悬挂各种警示牌	①生产控制指标及调节知识 ②各项工艺指标的制定标准和依据 ③计量单位换算知识 ④巡回检查知识 ⑤警示牌的类别及挂牌要求
	设备维护保养	①能保持总控仪表、计算机的清洁卫生 ②能保持打印机的清洁、完好	仪表、控制系统维护知识
事故判断与处理	事故判断	①能判断设备的温度、压力、液位、流量异常等故障 ②能判断传动设备的跳车事故	①装置运行参数 ②跳车事故的判断方法
	事故处理	①能处理酸、碱等腐蚀介质的灼伤事故 ②能按指令切断事故物料	①酸、碱等腐蚀介质灼伤事故的处理方法 ②有毒有害物料的理化性质

(2) 中级工

表 1-11 对中级工的技能要求

职业功能	工作内容	技能要求	相关知识
开车准备	工艺文件准备	①能识读并绘制带控制点的工艺流程图(PID) ②能绘制主要设备结构简图 ③能识读工艺配管图 ④能识记工艺技术规程	①带控制点的工艺流程图中控制点符号的含义 ②设备结构图绘制方法 ③工艺管道轴测图绘图知识 ④工艺技术规程知识
	设备检查	①能完成本岗位设备的查漏、置换操作 ②能确认本岗位电气、仪表是否正常 ③能检查确认安全阀、爆破膜等安全附件是否处于备用状态	①压力容器操作知识 ②仪表联锁、报警基本原理 ③联锁设定值,安全阀设定值、校验值,安全阀校验周期知识
	物料准备	能将本岗位原料、辅料引进到界区	本岗位原料、辅料理化特性及规格知识
总控操作	开车操作	①能按操作规程进行开车操作 ②能将各工艺参数调节至正常指标范围 ③能进行投料配比计算	①本岗位开车操作步骤 ②本岗位开车操作注意事项 ③工艺参数调节方法 ④物料配方计算知识
	运行操作	①能操作总控仪表、计算机控制系统对本岗位的全部工艺参数进行跟踪监控和调节,并能指挥进行参数调节 ②能根据中控分析结果和质量要求调整本岗位的操作 ③能进行物料衡算	①生产控制参数的调节方法 ②中控分析基本知识 ③物料衡算知识
	停车操作	①能按操作规程进行停车操作 ②能完成本岗位介质的排空、置换操作 ③能完成本岗位机、泵、管线、容器等设备的清洗、排空操作 ④能确认本岗位阀门处于停车时的开闭状态	①本岗位停车操作步骤 ②"三废"排放点、"三废"处理要求 ③介质排空、置换知识 ④岗位停车要求

续表

职业功能	工作内容	技能要求	相关知识
事故判断与处理	事故判断	①能判断物料中断事故 ②能判断跑料、串料等工艺事故 ③能判断停水、停电、停气、停汽等突发事故 ④能判断常见的设备、仪表故障 ⑤能根据产品质量标准判断产品质量事故	①设备运行参数 ②岗位常见事故的原因分析知识 ③产品质量标准
	事故处理	①能处理温度、压力、液位、流量等故障 ②能处理物料中断事故 ③能处理跑料、串料等工艺事故 ④能处理停水、停电、停气、停汽等突发事故 ⑤能处理产品质量事故 ⑥能发相应的事故信号	①设备温度、压力、液位、流量异常的处理方法 ②物料中断事故处理方法 ③跑料、串料事故处理方法 ④停水、停电、停气、停汽等突发事故的处理方法 ⑤产品质量事故的处理方法 ⑥事故信号知识

（3）高级工

表1-12　对高级工的技能要求

职业功能	工作内容	技能要求	相关知识
开车准备	工艺文件准备	①能绘制工艺配管简图 ②能识读仪表联锁图 ③能识记工艺技术文件	①工艺配管图绘制知识 ②仪表联锁图知识 ③工艺技术文件知识
	设备检查	①能完成多岗位化工设备的单机试运行 ②能完成多岗位试压、查漏、气密性试验、置换工作 ③能完成多岗位水联动试车操作 ④能确认多岗位设备、电气、仪表是否符合开车要求 ⑤能确认多岗位的仪表联锁、报警设定值以及控制阀阀位 ⑥能确认多岗位开车前准备工作是否符合开车要求	①化工设备知识 ②装置气密性试验知识 ③开车需具备的条件
	物料准备	①能指挥引进多岗位的原料、辅料到界区 ②能确认原料、辅料和公用工程介质是否满足开车要求	公用工程运行参数
总控操作	开车操作	①能按操作规程完成多岗位的开车操作 ②能指挥多岗位的开车工作 ③能将多岗位的工艺参数调节至正常指标范围内	①相关岗位的操作法 ②相关岗位操作注意事项
	运行操作	①能进行多岗位的工艺优化操作 ②能根据控制参数的变化，判断产品质量 ③能进行催化剂还原、钝化等特殊操作 ④能进行热量衡算 ⑤能进行班组经济核算	①岗位单元操作原理、反应机理 ②操作参数对产品理化性质的影响 ③催化剂升温还原、钝化等操作方法及注意事项 ④热量衡算知识 ⑤班组经济核算知识
	停车操作	①能按工艺操作规程要求完成多岗位停车操作 ②能指挥多岗位完成介质的排空、置换操作 ③能确认多岗位阀门处于停车时的开闭状态	①装置排空、置换知识 ②装置"三废"名称及"三废"排放标准、"三废"处理的基本工作原理 ③设备安全交出检修的规定
事故判断与处理	事故判断	①能根据操作参数、分析数据判断装置事故隐患 ②能分析、判断仪表联锁动作的原因	①装置事故的判断和处理方法 ②操作参数超指标的原因
	事故处理	①能根据操作参数、分析数据处理事故隐患 ②能处理仪表联锁跳车事故	①事故隐患处理方法 ②仪表联锁跳车事故处理方法

（4）技师

表 1-13　对技师的技能要求

职业功能	工作内容	技 能 要 求	相 关 知 识
总控操作	开车准备	①能编写装置开车前的吹扫、气密性试验、置换等操作方案 ②能完成装置开车工艺流程的确认 ③能完成装置开车条件的确认 ④能识读设备装配图 ⑤能绘制技术改造简图	①吹扫、气密性试验、置换方案编写要求 ②机械、电气、仪表、安全、环保、质量等相关岗位的基础知识 ③机械制图基础知识
	运行操作	①能指挥装置的开车、停车操作 ②能完成装置技术改造项目实施后的开车、停车操作 ③能指挥装置停车后的排空、置换操作 ④能控制并降低停车过程中的物料及能源消耗 ⑤能参与新装置及装置改造后的验收工作 ⑥能进行主要设备效能计算 ⑦能进行数据统计和处理	①装置技术改造方案实施知识 ②物料回收方法 ③装置验收知识 ④设备效能计算知识 ⑤数据统计处理知识
事故判断与处理	事故判断	①能判断装置温度、压力、流量、液位等参数大幅度波动的事故原因 ②能分析电气、仪表、设备等事故	①装置温度、压力、流量、液位等参数大幅度波动的原因分析方法 ②电气、仪表、设备等事故原因的分析方法
	事故处理	①能处理装置温度、压力、流量、液位等参数大幅度波动事故 ②能组织装置事故停车后恢复生产的工作 ③能组织演练事故应急预案	①装置温度、压力、流量、液位等参数大幅度波动的处理方法 ②装置事故停车后恢复生产的要求 ③事故应急预案知识
管理	质量管理	能组织开展质量攻关活动	质量管理知识
	生产管理	①能指导班组进行经济活动分析 ②能应用统计技术对生产工况进行分析 ③能参与装置的性能负荷测试工作	①工艺技术管理知识 ②统计基础知识 ③装置性能负荷测试要求
培训与指导	理论培训	①能撰写生产技术总结 ②能编写常见事故处理预案 ③能对初级、中级、高级操作人员进行理论培训	①技术总结撰写知识 ②事故预案编写知识
	操作指导	①能传授特有操作技能和经验 ②能对初级、中级、高级操作人员进行现场培训指导	

（5）高级技师

表 1-14　对高级技师的技能要求

职业功能	工作内容	技 能 要 求	相 关 知 识
总控操作	开车准备	①能编写装置技术改造后的开车、停车方案 ②能参与改造项目工艺图纸的审定	①装置的有关设计资料知识 ②装置的技术文件知识 ③同类型装置的工艺、生产控制技术知识 ④装置优化计算知识 ⑤产品物料、热量衡算知识
	运行操作	①能组织完成同类型装置的联动试车、化工投产试车 ②能编制优化生产方案并组织实施 ③能组织实施同类型装置的停车检修 ④能进行装置或产品物料平衡、热量平衡的工程计算 ⑤能进行装置优化的相关计算 ⑥能绘制主要设备结构图	

续表

职业功能	工作内容	技能要求	相关知识
事故判断与处理	事故判断	①能判断反应突然终止等工艺事故 ②能判断有毒有害物料泄漏等设备事故 ③能判断着火、爆炸等重大事故	①化学反应突然终止的判断及处理方法 ②有毒有害物料泄漏的判断及处理方法 ③着火、爆炸事故的判断及处理方法
	事故处理	①能处理反应突然终止等工艺事故 ②能处理有毒有害物料泄漏等设备事故 ③能处理着火、爆炸等重大事故 ④能落实装置安全生产的安全措施	
管理	质量管理	①能编写提高产品质量的方案并组织实施 ②能按质量管理体系要求指导工作	①影响产品质量的因素 ②质量管理体系相关知识
	生产管理	①能组织实施本装置的技术改进措施项目 ②能进行装置经济活动分析	①实施项目技术改造措施的相关知识 ②装置技术经济指标知识
	技术改进	①能编写工艺、设备改进方案 ②能参与重大技术改造方案的审定	①工艺、设备改进方案的编写要求 ②技术改造方案的编写知识
培训与指导	理论培训	①能撰写技术论文 ②能编写培训大纲	①技术论文撰写知识 ②培训教案、教学大纲的编写知识 ③本职业的理论及实践操作知识
	操作指导	①能对技师进行现场指导 ②能系统讲授本职业的主要知识	

项目二　认识化工安全

项目说明

本项目主要学习化工安全生产的相关知识。主要内容有：化工安全生产的重要性及安全生产的原则；化工企业中危险的物品、设备及场所；个人防护用品的种类及使用情况；燃烧和爆炸的基本理论及防火防爆的基本知识；尘毒的分类、来源、危害及防护等基本知识。

主要任务

■ 了解化工安全生产的重要性及安全生产的原则；
■ 了解化工生产中的危险源；
■ 了解化工生产中的个人防护知识；
■ 了解防火防爆的基本知识；
■ 了解防尘防毒基本知识。

任务一　了解化工安全生产的重要性及安全生产的原则

任务目标：能够理解安全的重要性及化工安全生产的原则。

活动一　感受安全的重要性

在我们的生活中有许多涉及安全的问题，想一想都有哪些，填入表2-1中。

表2-1　我们生活中的安全问题

项　　目	安　全　问　题
衣	
食	
住	
行	
其他方面	

参考材料

生活中的安全问题

清晨起床穿上含甲醛超标的"纯棉"衣服，吃两枚加丽素红的"红心"鸡蛋，开着尾气超标的汽车去上班，开始了一天的电脑、手机、打印机的密集辐射，下班后和几个朋友去火锅城，吃些增白剂粉丝和福尔马林海鲜来犒劳一下自己，晚上回家，喝点甜味剂葡萄酒，最后在装修材料发出的有毒气体里安然睡去……

上面的这段话来自一些过激人士对我们生活的担忧。我们无意于危言耸听，也无意于抨击

一些社会现象,只想说明安全问题在我们的日常生活中无处不在。

上面的问题涉及的仅为对我们健康的损害,只属于生命安全问题。下面让我们来看一个关于财产安全的例子。

有一妇女手提包被偷,里面有手机、银行卡、钱包等物。20分钟后,当她打电话告诉丈夫被偷的事,丈夫惊呼:"啊!我刚才收到你的短信,问咱家银行卡的密码,我立马就回了!"

他们赶到银行时已被告知里面所有的钱都已被提走。

小偷通过用偷来的手机发送短信给其丈夫而获取了密码,然后在短短20分钟内把钱取走了。

教训:不要在手机通讯录暴露本人与联系人的关系。

上面的例子来自于一则关于生活安全知识的报道。说明在生活中如果我们某些方面做的不合适,会引起财物损失。

活动二 了解化工生产中的安全问题

在本活动中,要求通过调研、查阅相关书籍或网上资源,了解化工生产中需要考虑哪些安全问题。把查到的资料填入表2-2。

表2-2 化工生产中的安全问题

项　目	安　全　问　题	信　息　来　源
人身安全		
设备安全		
其他		

参考材料

事　故　分　类

1. 企业职工伤亡事故(工矿商贸企业事故)分类

按《企业职工伤亡事故分类》对企业职工伤亡事故的分类如下。

(1) 按事故类别分为物体打击;车辆伤害;机械伤害;起重伤害;触电;淹溺;灼烫;火灾;高处坠落;坍塌;冒顶片帮;透水;放炮;火药爆炸;瓦斯爆炸;锅炉爆炸;容器爆炸;其他爆炸;中毒和窒息;其他伤害。

(2) 按伤害程度分为轻伤;重伤;死亡。

2. 化工企业的事故分类

(1) 按事故性质分类。企业安全事故根据其发生的原因和性质,一般可以分为设备事故、交通事故、火灾事故、爆炸事故、工伤事故、质量事故、生产事故、自然事故和破坏事故9类。

① 设备事故　动力机械、电气及仪表、运输设备、管道、建筑物等由于各种原因造成损坏、损失或减产的事故。

② 交通事故　违反交通规则,或由于责任心不强、操作不当造成车辆损坏、人员伤亡或财产损失的事故。

③ 火灾事故　着火后造成人员伤亡或较大财产损失的事故。

④ 爆炸事故　由于发生化学性或物理性爆炸,造成财产损失或人员伤亡及停产的事故。

⑤ 工伤事故　由于生产过程存在危险因素的影响,造成职工突然受伤,以致受伤人员立即中断工作,经医务部门诊断,需休息一个工作日以上的事故。

⑥ 质量事故　生产产品不符合产品质量标准，工程项目不符合质量验收要求，机电设备不合乎检修质量标准，原材料不符合要求规格，影响了生产或检修计划的事故。

⑦ 生产事故　生产过程中，由于违章操作或操作不当、指挥失误，造成损失或停产的事故。

⑧ 自然事故　受不可抗拒的外界影响而发生的灾害事故。

⑨ 破坏事故　因为人为破坏造成的人员伤亡、设备损坏等事故。

(2) 按事故后果分类。根据经济损失大小、停产时间长短、人身伤害程度可将事故分为微小事故、一般事故和重大事故 3 种。工伤事故分为轻伤、重伤、死亡和多人事故 4 种。

活动三　资料交流

在本活动中，要求每位同学把自己查到的资料和其他同学交流，看一看别人查到的资料和你的有什么不同，完成表 2-3。

表 2-3　化工企业常见的事故交流表

交流同学姓名	化工企业常见的事故
自己的新理解	

活动四　认识安全生产的重要性

在上面的几次活动中，我们已经了解了许多生活中和化工生产中的安全问题，想一想、议一议并回答下面的问题。

1. 没有安全，我们能正常地生活吗？生产能正常地进行吗？
2. 安全管理是不是也会产生效益呢？

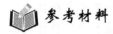

参考材料

安全生产的重要性

1. 安全生产是化工生产的前提

由于化工生产中易燃、易爆、有毒、有腐蚀性的物质多，高温、高压设备多，工艺复杂，操作要求严格，如果管理不当或生产中出现失误，就可能发生火灾、爆炸、中毒或灼伤等事故，影响到生产的正常进行，轻则影响到产品的质量、产量和成本，造成生产环境的恶化，重则造成人员伤亡和巨大的经济损失，甚至毁灭整个工厂。例如，1974 年在孟加乔拉塞化肥厂，由于误开阀门造成爆炸，死伤 15 人，经济损失达 6 亿美元；1984 年 12 月，美国碳化公司设在印度中央邦首府博帕尔市的一家农药厂发生了 45 吨剧毒甲基异氰酸酯泄漏事故，造成 2500 余人死亡，约 5 万人失明，20 万人受到不同程度的伤害，成为迄今为止世界化工史上最大的一次事故惨案。事实告诉我们，没有一个安全的生产基础，现代化工就不可能健康正常地发展。

2. 安全生产是化工生产的保障

要充分发挥现代化工生产的优势，必须实现安全生产，确保装置长期、连续、安全地运行。发生事故就会造成生产装置不能正常运行，影响生产能力，造成一定的经济损失。

3. 安全生产是化工生产的关键

化工新产品的开发、新产品的试生产必须解决安全生产问题，否则便不能转化为实际生产过程。

活动五　了解安全生产的原则及措施

在上面的几次活动中，我们已经意识到安全生产的重要性，那么怎样才能防止安全事故的发生呢？想一想、议一议并回答下面的问题。

实现安全生产你有什么建议？

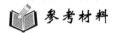参考材料

安全生产的基本原则

1. 生产必须安全

实现安全生产，保护职工在生产劳动过程中的安全与健康，是企业管理的一项基本原则，是我国一切经济部门和生产企业的头等大事，是实现经济效益的客观需要，又是社会主义制度的要求。因此，在执行"生产必须安全，安全促进生产"这一方针时，必须树立"安全第一"的思想，贯彻"管生产必须同时管安全"的原则。

"安全第一"是指考虑生产时，必须考虑安全条件，落实安全生产的各项措施，保证职工的安全与健康，保证生产长期地、安全地进行；"安全第一"是各级领导干部的神圣职责，在工作中要处理好生产与安全关系，确保职工的安全和健康；"安全第一"对广大职工来说，应严格地自觉地执行安全生产的各项规章制度。从事任何工作，都应首先考虑可能存在的危险因素，应注意些什么，该采取哪些预防措施，防止事故发生，避免人身伤害或影响生产的正常进行。

贯彻"管生产必须同时管安全"的原则，就是要求企业各级领导把安全生产渗透到生产管理的各个环节，做到生产和安全的"五同时"，即在计划、布置、检查、总结、评比生产时，同时要计划、布置、检查、总结、评比安全工作；在编制企业年度计划与长远规划时，同时要把安全生产作为一项重要内容，结合企业的生产挖潜、技术革新、设备改造、工业改组，消除事故隐患，改善劳动条件。

2. 安全生产，人人有责

安全生产是一项综合性的工作，必须坚持走群众路线，专群结合，在充分发挥专职安全技术人员和安全管理人员的骨干作用的同时，应充分调动和发挥全体职工的安全生产积极性。在现代化工业生产中，企业各级各类人员，若在安全生产上稍有疏忽或不慎，必将酿成重大事故。要做到安全生产，必须依靠全体职工，人人重视安全生产，个个自觉遵守安全生产规章制度，提高警惕，互相监督，发现隐患，及时消除，确保生产安全、正常地进行。

为此，企业必须制订各级安全生产责任制，安全规章制度和各工种岗位的安全技术操作规程等。在贯彻执行各项安全规章制度时，除加强思想政治工作和经常的监督检查外，还应与各岗位、各类工作人员的经济效益相挂钩，对安全生产中的好人好事好经验，给予表扬和奖励，对违章指挥、违章作业和玩忽职守而造成事故的责任者，应认真追究，严肃处理，做到奖罚严明。

3. 安全生产，重在预防

安全生产，重在预防，变被动为主动，变事后处理为事前预防，把事故消除在萌芽状态。为此，工厂企业在新建、改建、扩建企业或车间，以及计划实施革新、挖潜、改革项目时，必须认真贯彻"三同时"原则，即安全技术和"三废"治理措施与主体工程同时设计、同时施工、同时投产，决不能让不符合安全、卫生要求的设备、装置、工艺投入运行。在开展安全生产的科研工作时，对运行中的生产装置、生产工艺存在的不安全问题，组织力量攻关，及时消除隐患。在日常生产工作中，狠抓安全生产的基础工作，开展各种形式的安全教育活动，进行定期的安全技

术考核，组织定期与不定期的安全检查，分析各类事故发生的原因及其规律，以不断提高职工识别、判断、预防和处理事故的本领，及时发现和消除不安全因素，使生产处在安全控制状态。

安全生产的措施

安全生产是一门学科，必须认真学习，不断提高安全生产的自觉性和责任感，人人重视安全，时时注意安全，事事想到安全，把防范事故的措施落实在前面，做到居安思危，防患于未然，杜绝事故的发生，实现安全生产、文明生产。

1. 贯彻执行安全生产责任制

根据国家颁发的有关安全规定，结合本企业的生产特点，建立安全网络和安全生产责任制，做到安全工作有制度、有措施、有布置、有检查，各有职守，责任分明。

① 认真履行安全职责，严格遵守各项安全生产规章制度，积极参加各项安全生产活动；
② 坚守岗位，精心操作，服从调度，听从指挥；
③ 严格执行岗位责任制，巡回检查制和交接班制；
④ 加强设备维修保养，经常保持生产作业现场的清洁卫生，搞好文明生产；
⑤ 严格执行操作上岗证制度；
⑥ 正确使用，妥善保管各种劳动保护用品和器具。

2. 抓好安全教育

① 入厂教育　凡入厂的新职工、新工人、实习和培训人员，必须进行三级（厂、车间、班组）安全教育和安全考核；
② 日常教育　每次安全活动，都必须进行安全思想、安全技术和组织纪律性的教育，增强法制观念，提高安全意识，履行安全职责，确保安全生产；
③ 安全技术考核　新工人进入岗位独立操作前，须经安全技术考核，凡未参加考核或考核不及格者，均不准到岗位进行操作。

3. 开展安全检查活动

每年要进行2~4次群众性、专业性和季节性的检查。车间至少每月一次，要建立"安全活动日"和班前讲安全（开好班前事故预想会），班中查安全（巡回检查），班后总结安全（总结经验教训）的制度。

查检方法以自查为主，互查、抽查为辅，查检内容主要是查思想、查纪律、查制度、查隐患，发现问题，及时报告处理。

4. 搞好安全文明检查

经常注意设备的维修和保养，杜绝"跑、冒、滴、漏"现象，以提高设备的完好率。定期进行设备的检修与更换，在此过程中，应认真检查《安全生产四十一条禁令》的执行情况，杜绝一切事故的发生。

5. 加强防火防爆管理

对所有易燃、易爆物品及易引起火灾与爆炸危险的过程和设备，必须采用先进的防火、灭火技术，开展安全防火教育，加强防火检查和灭火器材的管理，防止火灾爆炸事故的发生。

6. 加强防尘防毒管理

① 限制有害有毒物质（物料）的生产和使用；
② 防止粉尘、毒物的泄漏和扩散，保持作业场所符合国家规定的卫生标准；
③ 配置相应的劳动保护和安全卫生设施，定期进行监测和体检。

7. 加强危险物品的管理

对易燃易爆、腐蚀、有毒害的危险物品的管理，必须严格执行国家制定的管理、贮存、运输等规定。危险品生产或使用中的废气、废水、废渣的排放，必须符合国家《工业企业设计卫生标准》和《"三废"排放标准》的规定。

8. 配置安全装置和加强防护器具的管理

现代化工业生产中，必须配置有：温度、压力、液面超压的报警装置、安全联锁装置、事故停车装置、高压设备的防爆泄压装置、低压真空的密闭装置、防止火焰传播的隔绝装置、事故照明安全疏散装置、静电和避雷的防护装置、电气设备的过载保护装置以及机械运转部分的防护装置等，安全装置要加强维护，保证灵活好用。

对于保护人体的安全器具，如安全帽、安全带、安全网、防护面罩、过滤式防毒面具、氧气呼吸器、防护眼镜、耳塞、防毒防尘口罩、特种手套、防护工作服、防护手套、绝缘手套和绝缘胶靴等，都必须妥善保管并会正确使用。

9. 加强事故管理

① 事故损失计算　事故损失费由事故直接损失费和产量损失费之和构成。

事故直接损失包括原料损失、成品、半成品损失和设备损失。事故产量损失，是从事故发生时起至恢复正常生产时止，按日计划产量核算总损失量。

② 事故报告程序　凡发生事故，最先发现者应立即向领导和调度报告，而后逐级上报。对重大事故，应立即用快速方法向上级机关报告。

发生事故的基层组织，应按规定填写事故报告，报送企业主管部门。报告呈送时间，一般事故不超过3天，重大事故不超过7天。对重大事故，企业应写出调查报告书，并于事故后20天内报送上级机关。

③ 事故调查处理　对一般事故或性质恶劣的微小事故，应在事故发生后2天内，由车间和有关部门领导组织召开事故分析会，查找原因，吸取教训，提出防范措施，对事故责任者提出处理意见。对重大事故，企业领导人应组织有关部门进行调查和分析，必要时邀请上级主管部门或当地劳动、公安部门和工会组织等有关单位参加，找出原因，查出责任，制定防范措施，并对事故责任者提出处理意见。

对严重违章指挥、违章作业又不听其劝阻的人员，或由于渎职造成重大事故的责任者，应给予纪律处分直至追究刑事责任。对蓄意制造事故，造成严重后果，需追究刑事责任的，应提交司法机关依法处理，对防止事故和抢救有功者，应给予表彰和奖励。

10. 严格执行《安全生产四十一条禁令》

化学工业部于1982年7月颁发的《安全生产四十一条禁令》，是化工行业搞好安全生产的重要规章制度，必须严格执行，做到令行禁止。其主要内容包括以下几点。

① 生产区内的"十四个不准"；
② 进入容器、设备的"八个必须"；
③ 防止违章动火的"六大禁令"；
④ 操作工的"六个严格"；
⑤ 机动车辆的"七大禁令"。

任务二　了解化工生产中的危险源

任务目标：能够了解化工企业中有危险的物品、设备及场所。

活动一　了解所实习企业的化学危险物

在本次活动中，要求通过调查了解所实习企业有多少化学危险物，并查阅相关书籍或网上资源将它们分类填入表2-4。

表 2-4 化学危险物调查表

类　　别	物　品　名
易燃品	
易爆品	
有毒物质	
有腐蚀品	

活动二　资料交流

在本次活动中将你的调查及分类结果和其他同学交流，看一看别人的结果和你的有什么不同，如果需要修改和补充的话，请修改后上交。

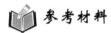参考材料

危险化学品的分类（GB 13690—92）

常用危险化学品按其主要危险特性分为8类。

1. 爆炸品

本类化学品指在外界作用下（如受热、受压、撞击等），能发生剧烈的化学反应，瞬时产生大量的气体和热量，使周围压力急骤上升，发生爆炸，对周围环境造成破坏的物品，也包括无整体爆炸危险，但具有燃烧、抛射及较小爆炸危险的物品。

2. 压缩气体和液化气体

本类化学品系指压缩、液化或加压溶解的气体，并应符合下述两种情况之一者：

① 临界温度低于50℃，或在50℃时，其蒸气压力大于294kPa的压缩或液化气体；

② 温度在21.1℃时，气体的绝对压力大于275kPa，或在54.4℃时，气体的绝对压力大于715kPa的压缩气体；或在37.8℃时，雷德蒸气压力大于275kPa的液化气体或加压溶解的气体。

3. 易燃液体

本类化学品系指易燃的液体、液体混合物或含有固体物质的液体，但不包括由于其危险特性已列入其他类别的液体。其闭杯试验闪点等于或低于61℃。

4. 易燃固体、自燃物品和遇湿易燃物品

易燃固体系指燃点低，对热、撞击、摩擦敏感，易被外部火源点燃，燃烧迅速，并可能散发出有毒烟雾或有毒气体的固体，但不包括已列入爆炸品的物品。自燃物品系指自燃点低，在空气中易发生氧化反应，放出热量，而自行燃烧的物品。遇湿易燃物品系指遇水或受潮时，发生剧烈化学反应，放出大量的易燃气体和热量的物品。

5. 氧化剂和有机过氧化物

氧化剂系指处于高氧化态，具有强氧化性，易分解并放出氧和热量的物质。包括含有过氧基的无机物，其本身不一定可燃，但能导致可燃物的燃烧，与松软的粉末状可燃物能组成爆炸性混合物，对热、震动或摩擦较敏感。

有机过氧化物系指分子组成中含有过氧基的有机物，其本身易燃易爆，极易分解，对热、

震动或摩擦极为敏感。

6. 有毒品

本类化学品系指进入肌体后，累积达一定的量，能与体液和器官组织发生生物化学作用或生物物理学作用，扰乱或破坏肌体的正常生理功能，引起某些器官和系统暂时性或持久性的病理改变，甚至危及生命的物品。经口摄取半数致死量：固体 $LD_{50} \leqslant 500mg/kg$；液体 $LD_{50} \leqslant 2000mg/kg$；经皮肤接触24h，半数致死量 $LD_{50} \leqslant 1000mg/kg$；粉尘、烟雾及蒸气吸入半数致死量 $LC_{50} \leqslant 10mg/L$ 的固体或液体。

7. 放射性物品

本类化学品系指放射性比活度大于 $7.4 \times 10^4 Bq/kg$ 的物品。

8. 腐蚀品

本类化学品系指能灼伤人体组织并对金属等物品造成损坏的固体或液体。与皮肤接触在4h内出现可见坏死现象，或温度在55℃时，对20号钢的表面均匀年腐蚀率超过6.25mm的固体或液体。

各种物质属于哪一类别，请读者自己查阅相关书籍或网上资源。

活动三　认识各类危险化学品的标志

在本活动中，要求每位学生把自己在活动二中列出的化学物品名和它的危险标志对应起来。完成表2-5。

表2-5　标志和化学品名对应表

序号	标　　志	化　学　品　名
1	爆炸品 1	
2	易燃气体 2	
3	剧毒品 6	

续表

序 号	标 志	化 学 品 名
4	有毒气体 2	
5	易燃液体 3	
6	易燃固体 4	
7	腐蚀品 8	

常用危险化学品标志

1. 标准信息

常用危险化学品标志由《常用危险化学品的分类及标志（GB 13690—92）》规定，该标准对常用危险化学品按其主要危险特性进行了分类，并规定了危险品的包装标志，既适用于常用危险化学品的分类及包装标志，也适用于其他化学品的分类和包装标志，见表2-6。

该标准引用了《危险货物包装标志（GB 190—90）》。

2. 标志规范

（1）标志的种类　根据常用危险化学品的危险特性和类别，设主标志 16 种，副标志 11 种。

（2）标志的图形　主标志由表示危险特性的图案、文字说明、底色和危险品类别号 4 个部分组成的菱形标志。副标志图形中没有危险品类别号。

（3）标志的尺寸、颜色及印刷　按 GB 190—90 的有关规定执行。

（4）标志的使用

① 标志的使用原则：当一种危险化学品具有一种以上的危险性时，应用主标志表示主要危险性类别，并用副标志来表示重要的其他的危险性类别。

② 标志的使用方法：按 GB 190—90 的有关规定执行。

表 2-6　常用危险化学品标志

主　标　志	
底色：橙红色 图形：正在爆炸的炸弹（黑色） 文字：黑色	底色：正红色 图形：火焰（黑色或白色） 文字：黑色或白色
 标志 1　爆炸品标志	 标志 2　易燃气体标志
底色：绿色 图形：气瓶（黑色或白色） 文字：黑色或白色	底色：白色 图形：骷髅头和交叉骨形（黑色） 文字：黑色
 标志 3　不燃气体标志	 标志 4　有毒气体标志
底色：红色 图形：火焰（黑色或白色） 文字：黑色或白色	底色：红白相间的垂直宽条（红 7、白 6） 图形：火焰（黑色） 文字：黑色
 标志 5　易燃液体标志	 标志 6　易燃固体标志

续表

主 标 志	
底色:上半部白色 图形:火焰(黑色或白色) 文字:黑色或白色  标志 7 自燃物品标志	底色:蓝色,下半部红色 图形:火焰(黑色) 文字:黑色  标志 8 遇湿易燃物品标志
底色:柠檬黄色 图形:从圆圈中冒出的火焰(黑色) 文字:黑色  标志 9 氧化剂标志	底色:柠檬黄色 图形:从圆圈中冒出的火焰(黑色) 文字:黑色  标志 10 有机过氧化物标志
底色:白色 图形:骷髅头和交叉骨形(黑色) 文字:黑色  标志 11 有毒品标志	底色:白色 图形:骷髅头和交叉骨形(黑色) 文字:黑色  标志 12 剧毒品标志
底色:上半部黄色,下半部白色 图形:上半部三叶形(黑色),下半部一条垂直的红色宽条 文字:黑色  标志 13 一级放射性物品标志	底色:上半部黄色,下半部白色 图形:上半部三叶形(黑色),下半部二条垂直的红色宽条 文字:黑色  标志 14 二级放射性物品标志

续表

主 标 志	
底色:上半部黄色,下半部白色 图形:上半部三叶形(黑色),下半部三条垂直的红色宽条 文字:黑色	底色:上半部白色,下半部黑色 图形:上半部两个试管中液体分别向金属板和手上滴落(黑色) 文字:(下半部)白色
 标志15 三级放射性物品标志	 标志16 腐蚀品标志
副 标 志	
底色:橙红色 图形:正在爆炸的炸弹(黑色) 文字:黑色	底色:红色 图形:火焰(黑色) 文字:黑色或白色
 标志17 爆炸品标志	 标志18 易燃气体标志
底色:绿色 图形:气瓶(黑色或白色) 文字:黑色	底色:白色 图形:骷髅头和交叉骨形(黑色) 文字:黑色
 标志19 不燃气体标志	 标志20 有毒气体标志
底色:红色 图形:火焰(黑色) 文字:黑色	底色:红白相间的垂直宽条(红7、白6) 图形:火焰(黑色) 文字:黑色
 标志21 易燃液体标志	 标志22 易燃固体标志

副 标 志	
底色:上半部白色,下半部红色 图形:火焰(黑色) 文字:黑色或白色	底色:蓝色 图形:火焰(黑色) 文字:黑色
标志23 自燃物品标志	标志24 遇湿易燃物品标志
底色:柠檬黄色 图形:从圆圈中冒出的火焰(黑色) 文字:黑色	底色:白色 图形:骷髅头和交叉骨形(黑色) 文字:黑色
标志25 氧化剂标志	标志26 有毒品标志

底色:上半部白色,下半部黑色
图形:上半部两个试管中液体分别向金属板和手上滴落(黑色)
文字:(下半部)白色

标志27 腐蚀品标志

活动四 了解化工企业的危险设施

在本活动中,要求到化工生产的现场去调查、咨询,了解所实习的化工企业有哪些危险设施,并完成表2-7。

表2-7 化工企业危险设施表

序 号	设 施 名	危 险 原 因
1		
2		
3		
4		

 **参考材料**

危 险 设 备

通常需要考虑因素有高温、高压、易燃、易爆、有毒、有辐射或带电等。

任务三　了解化工生产中的个人防护知识

任务目标：了解化工生产中的个人防护用品及使用情况。

活动一　了解安全帽的使用

在本活动中，要求通过调研、查阅相关书籍和网络资源，了解有关安全帽的知识，并回答如下的问题。

1. 安全帽有什么作用？
2. 在什么场合必须戴安全帽？

 **参考材料**

安　全　帽

安全帽是预防下落物体（固体、液体）或其他物体碰撞头部而引起危险的人体头部保护用品。

以下情况必须使用安全帽：①在车间和它们的露天区域；②有天车、吊车作业的场所或高空和地联合作业的场所；③在 1.5m 以上空间有重物运动的工作场所；④在建筑与安装岗位；⑤女工在车床等岗位上操作。

活动二　了解眼睛和面部的防护用品

在本活动中要求通过调研、查阅相关资料和网络资源，了解有关眼睛和面部的防护用品的知识。并回答如下的问题。

1. 眼睛和面部的防护用品有哪些？
2. 在什么场合必须戴眼睛和面部的防护用品？

 **参考材料**

眼睛和面部的防护用品

当工作区域内，有飞出的物体、喷出的液体或危险光的照射，可能使操作者眼睛和面部受到伤害时，必须考虑配戴眼镜和面部防护用具。如从事钻、车、铣、刨、凿、磨、机械除锈、脆性材料加工，从事焊接或火焰切割；接触或开启有腐蚀性、有爆炸危险或火灾危险的物质或残留物的系统；在带压设备上进行手工操作；开启或松开超压法兰、隔断装置和密封塞、使用液体喷射器等。眼睛的防护用品主要指防护眼镜，面部的防护用品主要为面罩。

活动三　了解脚部防护的基本知识

在本活动中要求通过调研、查阅相关书籍和网络资源，了解脚部防护的基本知识，并回答如下的问题。

在什么场合必须考虑脚部防护？怎样防护？

 **参考材料**

脚 部 防 护

(1) 在有酸、碱物质泄漏的岗位或酸碱车间，必须穿防酸、碱工作鞋；
(2) 在有碰撞、挤压、下跌物体而易使脚部受伤的岗位，应穿防砸鞋；
(3) 在高温岗位操作应穿绝热安全鞋；
(4) 在实验室、实习工厂及类似车间内的操作，也要穿牢固的和封闭的鞋。

活动四　了解手部防护的知识

在本活动中要求通过调研、查阅相关资料和网络资源，了解手部防护的基本知识，并回答如下的问题。

1. 在什么场合必须进行手部防护？怎么防护？
2. 在什么场合不允许戴防护手套？

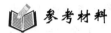 **参考材料**

手 部 防 护

在从事对手部有损伤的工作时，应戴上合适的防护手套。如手接触酸、碱等腐蚀性物质，或接触冷、热物质以及机械负荷。对于能引起生理变态反应或皮肤病危险的岗位，还要使用由工厂医疗部门提供的皮肤防护油膏。手的保养性清洗，可使用合适的清洗剂。

在转动轴旁的工作人员，如在砂轮上磨削工件，或在钻床上打孔，绝不允许戴防护手套，以防手套被卷入而损伤手部或手指。

活动五　了解听力防护知识

在本活动中要求通过调研、查阅相关资料和网络资源了解听力防护的相关知识，并完成下面问题。

在什么场合需要进行听力防护？使用什么器具？

 **参考材料**

听 力 防 护

噪声超过国家规定的标准范围时，必须使用听力防护用具。在这种噪声区内的工作人员，应由工厂医疗部门进行适应性或预防性检查，同时，根据噪声的强度和频率，选定听力防护用具的种类，如听力防护软垫、塞、罩等。

活动六　了解防护服的使用

在本活动中要求通过调研、查阅相关资料和网络资源，了解防护服使用的基本知识，并完成下面问题。

在什么场合需要穿防护服？穿什么样的防护服？

 **参考材料**

防 护 服

凡进入工作区的人员，在没有其他规定的条件下，必须穿上一般的工作服。在较高燃烧危险岗位及其区域工作，如电石车间，必须穿上不易燃烧抗高温的防护工作服。工作中接触酸、碱或其他有损皮肤的物质时，应穿上能耐酸、碱的防酸粗绒布服、聚氯乙烯防护服、橡皮围裙等。在进行焊接工作时，要穿电气焊防护工作服。从事微波作业的人员，应穿上微波屏蔽大衣。

活动七 运转机器旁的安全防护

在本活动中要求通过调研、查阅相关资料和网络资源，了解在运转机器旁的安全防护基本知识。并完成下面问题。

为保证操作人员在操作运转机器时的安全，需采取哪些保护措施？

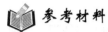参考材料

运转机器旁的安全防护

在生产操作中，各种泵、离心分离机、研磨机、皮带输送机，以及各种车床等运转机器上的所有运动部件都是危险的，操作者的某个部位一旦接触，被卷入机器，就会遭到程度不同的伤害。为了防止与这些运动部件接触，必须给这些部件套上外罩，如铁栅、薄铁板套或其他类似的外罩。此外，还可安装安全连锁装置，如果有东西被卷入机器时，连锁装置就会中断电源，使机器停止运转，从而避免事故的发生。安装机械开关元件或光线阻挡器，也可以起到安全防护作用，当接触或靠近运转机器时，机器就会自动停止运转。

在检修运转机器时，必须切断电源，停止机器运转，然后取下外罩进行修理，绝不允许机器运转时去拆取防护外罩。机器停止后，应避免错误地合上电闸的情况，为此，可通过拆开电动机的接线，或装设安全开关。安全开关会同时切断控制和动力电路，并通过一个或几个钥匙锁住电源开关，以免错误地合上电源开关。在运转机器旁的操作人员，必须穿紧身工作服，宽松的工作服会因飘动而被旋转的轴抓住发生事故。长头发也很危险，一旦被旋转轴抓住，会遭到头皮被撕裂的危险。留长发的操作人员，必须戴工作帽或头发网套。

对高速旋转的砂轮及切割盘，在高速旋转情况下使用必须十分小心，要遵守规定的转速。对于刀具（车刀、铣刀）、钻头、锤把等工具，也要特别当心维护，损坏的器具应及时更换或修理。

活动八 运输工作中的安全防护

在本活动中，要求通过调研、查阅相关资料和网络资源，了解进行运输装卸工作时的安全防护基本知识。并完成下面问题。

在进行货物运输装卸时应注意什么样的防护？

参考材料

运输装卸工作中的安全防护

运输装卸工作是极易出现事故的工作。在进行运输操作时，头、手和脚都很容易受到危害，因此，戴安全帽、防护手套和穿工作鞋尤为必要。

用人力搬运笨重的货物，如滚动圆铁桶包装的货物时，要特别小心，不能用手去抓桶边，以防挤手、砸脚。在操控运输机械，如叉式装卸机、吊车及类似机械装卸货物时，更要注意安全。严禁无证驾驶、无证操作，严禁超负荷、超速度运行，只有受过专门训练的人员才允许操控。悬吊重物运输时，悬吊物应缓慢行驶，经过的地区必须封闭，严禁闲人在悬吊物下停留。运输的货物必须码放整齐，合理分布，必要时用绳索系牢，防止货物下滑，倾倒伤人。

对易燃、易爆危险物品的装卸运输，应注意标记，轻拿轻放，严禁撞击、摔砸。对于圆桶包

装的货物,应通过垫楔子、系牢等手段加以固定,以防滚动而出事故。遇水燃烧爆炸的货物,要用苫布盖好,防止雨水浸入,同时禁止雨天搬运。

活动九 了解货物存放和堆垛的安全事项

在本活动中要求通过调研、查阅相关资料和网络资源,了解货物存放和堆垛的安全事项。并完成下面问题。

在货物存放和堆垛时应注意哪些安全事项?

参考材料

货物存放和堆垛的安全事项

固体、液体和气体的存放和堆垛,一定要遵守有关的安全规定。对于固体货物的存放,一定要注意堆放的坡度角,不宜太陡,以防塌滑。另外,堆放的高度不宜超过1.5m,垛与垛的间距不小于1m,垛与墙距不小于0.5m。易引起自燃的固体,如煤等,堆放时不宜太高。存放在多层楼房内的固体货物,要注意楼板承载能力。

液体最好存在球形罐或两端带有半球的圆形罐中。可燃液体不允许在工作场所内储存,存放可燃液体的常压罐,一定要安装回火安全装置。

气体一般贮存在压力容器中。对于压力容器,要遵照压力容器的有关规定。

货物堆垛,不论是圆桶、木箱,还是袋装或集装箱,都要特别小心,要在坚固平整的地面上堆垛,垛的底面积要尽可能大,堆放高度不宜太高,以免有翻倒的危险。由垛上取货时,应由上而下一层一层均匀地进行,绝对禁止从中间抽取,否则就会有倒塌的危险。

任务四 了解防火防爆的基本知识

任务目标:能够了解燃烧和爆炸的基本理论,掌握防火防爆的基本知识。

活动一 认识燃烧

我们见过煤的燃烧、纸的燃烧、蜡烛的燃烧,想一想、议一议,通过相关书籍或网上资源查一查关于燃烧的一些基本知识,并回答下面的问题。

1. 什么情况下燃烧才能发生?
2. 物质会不会自燃?

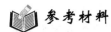参考材料

燃 烧

1. 燃烧及其条件

燃烧是可燃物质(气体、液体或固体)与氧或氧化剂相互作用而发生伴有光和热的反应。其特征是放热、发光、生成新物质。只有同时具备放热、发光和生成新物质的反应,才能称为燃烧。

燃烧必须同时具备三个条件:①可燃物,如木材、液化石油气等;②助燃物,如空气、氧和氧化剂;③点火源,如明火、电火花、摩擦等。这三个条件缺一不可。如图2-1所示。在某些情况下,每一个条件中的物质还必须具有一定的数量,并彼此相互作用,否则也不会发生燃烧。如空气中氧的浓度下降到14%,燃着的木材就会熄灭。对于正在进行的燃烧,若消除其中任何一个条件,燃烧就会终止,因此,一切防火和灭火的措施,都是根据物质的性质和生产条件,

阻止燃烧的三个条件同时存在、相互结合和相互作用而形成的。

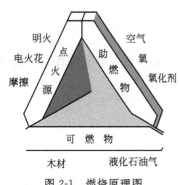

图 2-1 燃烧原理图

2. 燃烧的形式

根据燃烧的起因和剧烈程度的不同，可分为闪燃、着火和自燃。

(1) 闪燃与闪点 各种液体表面都有一定量的蒸气，蒸气的浓度决定于该液体的温度。在一定温度下，可燃液体表面或容器内的蒸气和空气形成的混合物，遇火源即发生燃烧。在温度不高时，所发生的燃烧只出现瞬间火苗或闪光，这种现象称为闪燃。引起闪燃时的最低温度称为闪点。如乙醇的闪点为 286K，丙酮的闪点为 255K 等。

根据各种可燃液体闪点的高低，可确定出它们的火灾危险性的程度，闪点愈低，火灾危险性愈大，等级也就愈高，如表 2-8 所示。

表 2-8 液体火灾危险等级

类 别	等 级	闪点/K	液体名称
易燃液体	1	<301	乙醇、苯、汽油
	2	301~318	煤油、松节油
可燃液体	3	319~393	乙二醇、苯胺
	4	>393	桐油、润滑油

在化工安全生产中，根据闪点的高低，确定易燃和可燃液体的生产、加工、储存和运输的火灾危险性，进而针对其火险的大小，采取相应的防火、防爆安全措施。如以油代煤，若所选的油料闪点较高，则在较高的预热温度下无火险；反之，若燃油闪点较低，则预热温度就不能过高，否则加热至接近闪点，就会产生火灾危险。

(2) 着火与着火点 当温度超过闪点并继续升高时，若与火源接触，不仅会引起易燃物体与空气混合物的闪燃，而且会使可燃物持续燃烧。这种当外来火源或灼热物质与可燃物接近时，而开始持续燃烧的现象叫着火。使可燃物质开始持续燃烧所需的最低温度，称为该物质的着火点或燃点。物质燃点的高低，反映出该物质火灾危险性的大小，物质的燃点愈低，愈易着火，火灾的危险性就愈大。

(3) 自燃与自燃点 可燃物质不需与火源接近便能自行着火的现象称为自燃。可燃物发生自燃的最低温度称为自燃点。自燃现象可分为受热自燃与本身自燃两种。

受热自燃是可燃物质虽不与明火接触，但在外部热源作用下，使温度达到自燃点而发生着火燃烧的现象称为受热自燃。例如，可燃物接近蒸汽管道加热或烘烤过程，均可导致可燃物自燃。某些可燃物的自燃点见表 2-9。

本身自燃是某些物质在没有外来热源的作用下，由于物质内部所发生的化学、物理或生化的变化而产生热量，这些热量在适当的条件下，逐渐积聚，使物质温度上升，达到自燃点而燃烧，这种现象称为本身自燃或自热燃烧。能引起本身自燃的物质有植物类、油脂类、煤、硫化铁及其他化学物质。

不同的物质其自燃点是不同的。可燃物质的自燃点愈低，发生火灾的危险性则愈大。物质的自燃点不是固定不变的，而是随压力、组分、催化剂、可燃物的化学结构等条件的不同而变化。例如苯在 101.3kPa 压力下，自燃点为 953K，在 1013kPa 压力下为 863K，在 2542kPa 压力下为 763K。可见，压力愈高，自燃点愈低，发生火灾的危险性则愈大。可燃气体在被压缩时，容易发生爆炸事故，其原因之一就是自燃点降低。

表 2-9 某些气体及液体的自燃点

物质名称	自燃点/K		物质名称	自燃点/K	
	空气中	氧气中		空气中	氧气中
氢	845	833	丁烯	716	
一氧化碳	882	861	戊烯	546	
氨	924		乙炔	578	569
二硫化碳	393	380	苯	953	839
硫化氢	565	493	环丙烷	771	727
氢氰酸	811		环己烷		569
甲烷	905	829	甲醇	743	734
乙烷	741		乙醇	665	
丙烷	766	741	乙醛	548	432
丁烷	681	556	乙醚	465	455
庚烷	503	487	丙酮	834	758
乙烯	760	758	乙酸	823	763
丙烯	731		二甲醚	623	

催化剂对自燃点也有影响。活性催化剂能降低物质的自燃点，钝性催化剂能提高物质的自燃点。例如，汽油中加入的抗震剂四乙基铅，就是一种钝性催化剂。

可燃性混合气体的自燃点是随组成的变化而变化的。当混合物组成符合反应的浓度时，其自燃点最低；混合气体中氧浓度增高，也将使自燃点降低。芳香族碳氢化合物的自燃点高于含有同等碳原子数量的脂肪族碳氢化合物的自燃点。脂肪族同一有机化合物的同分异构体在多数情况下具有不同的自燃点。

掌握了可燃物的自燃点和受热自燃的原因，就可采取相应的防火措施。例如将可燃物与烟囱、取暖设备、电加热器等热源隔离或留有间距，可防止可燃物受热自燃；烘烤、熬炼可燃物时，应注意控制温度，使加热温度不超过自燃点；经常润滑机器轴承和摩擦部分，也是以防摩擦发热，使可燃物受热自燃等。

活动二 认识爆炸

我们见过鞭炮的爆炸，听过啤酒瓶的爆炸，想一想、议一议，通过相关的书籍和网络资源查一查爆炸的基本知识，并回答下面的问题。

1. 爆炸有什么特点？
2. 在什么情况下会发生爆炸？
3. 工厂中的爆炸有什么危害？

参考材料

爆　炸

1. 爆炸及其分类

爆炸是指物质从一种状态迅速转变成另一种状态，并在瞬间放出大量能量，同时产生巨大声响的现象。爆炸也可视为气体或蒸气在瞬间剧烈膨胀的现象。

在爆炸过程中，由于物系具有高压或在爆炸瞬间形成高温、高压气体，或蒸气的聚然膨胀，体系内能转变为机械功、光和热辐射，使爆炸点周围介质中的压力发生急剧的突变，从而产生破坏作用。其破坏的主要形式有以下几点。

(1) 震荡作用　在遍及破坏作用的区域内,有一个能使物体震荡,使之松散的力量。

(2) 冲击波　随着爆炸的出现,冲击波最初出现正压力,而后又出现负压力。负压力是气压下降后空气振动产生局部真空而形成所谓吸收作用。由于正、负压力交替的波状气压向四周扩散,从而造成附近建筑物的破坏。建筑物破坏程度与冲击波的能量大小、建筑物的形状、建筑物的大小、建筑物的坚固性及建筑物与产生冲击波的中心距离等因素有关。

(3) 碎片冲击　机械设备、装置、容器等爆炸以后,变成碎片飞散出去会在相当广的范围内造成危害,在爆炸事故中,爆炸碎片造成的伤亡占有相当大的比例。碎片飞散一般可达100~500m远。

(4) 造成火灾　通常爆炸气体扩散只发生在极其短促的瞬间,对一般可燃物质不足以造成起火燃烧,而且有时冲击波还能起灭火作用。但是,建筑物内遗留的大量热或残余火苗,会把从破坏的设备内部不断流出的可燃气体或易燃、可燃液体的蒸气点燃,使厂房可燃物起火,加重爆炸的破坏力。

爆炸可按其不同形式进行分类,若按爆炸的传播速度,可分为轻爆、爆炸和爆轰。

轻爆　通常指传播速度为每秒数十厘米至数米的过程。

爆炸　是指传播速度为每秒十米至数百米的过程。

爆轰　指传播速度为每秒一千米至七千米的过程。

若按引起爆炸过程的性质分类,爆炸可分为物理爆炸和化学爆炸。

物理爆炸是由物理变化而引起的物质状态或压力发生突变而形成爆炸的现象。如蒸汽锅炉和受压容器、高压气瓶超压引起的爆炸等。这种爆炸前后物质和成分均不改变,只是由于设备内部物质的压力超过了设备所可能承受的机械强度,内部物质急速冲击而引起的。

化学爆炸是由于物质迅速发生化学反应,产生高温、高压而引起的爆炸。这种爆炸前后物质的性质和成分均发生根本性的变化。按其变化性质,则又可分为简单分解爆炸,复杂分解爆炸和爆炸性混合物的爆炸。

简单分解爆炸是爆炸物在爆炸时不发生燃烧的反应,爆炸所需的热量由爆炸物本身分解时产生。如乙炔银、碘化氮、氯化氮等物质的爆炸。这类物质非常危险,受轻微震动即可引起爆炸。

复杂分解爆炸伴有燃烧现象,燃烧所需的氧由本身分解时供给。所有炸药、各类氮及氯的氧化物、苦味酸等物质的爆炸均属于此类。

所有可燃气体、蒸气及粉尘与空气或氧的混合所形成的混合物的爆炸,称为爆炸性混合物的爆炸。这类物质的爆炸需要一定条件,如爆炸物的含量、氧气含量及激发能源等。这类物质的爆炸危险性虽较前二类为低,但工厂存在极为普遍,造成的危害性也较大。如物质从工艺装置、设备、管道内泄漏到厂房,或空气进入可燃性气体的设备内,都可形成爆炸性混合物,如遇到火种,便造成爆炸事故。这类爆炸一般都伴有燃烧现象发生。

2. 爆炸极限

爆炸极限是指某种可燃气体、蒸气或粉尘和空气的混合物能发生爆炸的浓度范围。发生爆炸的最低浓度和最高浓度分别称作爆炸下限和上限。当混合物浓度低于爆炸下限时,由于含有过量的空气,起到冷却作用,阻止了火焰的蔓延;同样,浓度高于爆炸上限时,由于空气不足,而使火焰不能传播。所以,当浓度在爆炸范围以外时,混合物不会爆炸。但是切勿认为浓度高于爆炸上限的混合物是安全的,一旦有空气补充,就又具有爆炸的危险性。

爆炸极限的表示方法,一般用可燃气体或蒸气在混合物中的体积百分比来表示,有时也用单位体积(立方米或升)混合物中所含可燃物质的质量来表示,即 g/m^3 或 g/L。若以爆炸极限的上限与下限之差,再除以下限值,其结果即为危险度,见式(2-1)。

$$H=(x_2-x_1)/x_1 \qquad (2\text{-}1)$$

式中 x_1——爆炸下限值;

x_2——爆炸上限值;

H——危险程度。

H 值越大,表示爆炸的危险性越大。爆炸下限值越低,则爆炸的危险性就越大。所以,知道爆炸极限,就能确定工艺过程爆炸燃烧的危险程度,就能对使用和制备可燃气体或易燃液体的工序拟订出各项防爆的措施。一些常见气体、蒸气在常温常压下的爆炸极限见表 2-10。

表 2-10 一些常见气体、蒸气在空气中的爆炸极限

物质名称	爆炸极限/(V%)		物质名称	爆炸极限/(V%)		物质名称	爆炸极限/(V%)	
	下限	上限		下限	上限		下限	上限
氢气	4.1	74.2	水煤气	6.2	70.0	甲苯	1.27	7
一氧化碳	12.5	74.2	焦炉气	4.4	34.0	乙炔	1.5	82
氨气	15.7	27.4	天然气	4.0	16.0	乙烯	2.7	36
甲烷	5.3	15	甲醇	6.7	36	乙醚	1.85	36.5
硫化氢	4.3	45.5	甲醛	7.0	73	二硫化碳	1.3	50
发生炉煤气	20.7	73.7	苯	1.3	7.1	汽油	0.1	7.6

活动三 了解防火防爆的安全措施

在本活动中,通过到实习工厂相关部门咨询,了解该化工企业有哪些防火防爆的安全措施,并完成表 2-11。

表 2-11 防火防爆的安全措施表

措施一	
措施二	
措施三	
措施四	
措施五	

活动四 资料交流

在本活动中将调查结果和两三个同学交流,看一看别人的结果和自己的有什么不同,补充一下自己的内容,然后上交。

参考材料

防 火 防 爆

防火防爆最重要的原则是阻止可燃性气体或蒸气从设备、容器中漏出,限制火灾爆炸危险物、助燃物与火源三者之间的相互直接作用。

1. 控制与消除火源

化工企业生产中遇到的着火源,除生产过程中具有的燃烧炉火、反应热和电源外,还有维修用火、机械摩擦热以及撞击火星等。这些火源是引起易燃易爆物质着火爆炸的原因,因此,

要严格控制火源，加强明火管理。主要措施有：不准穿钉子鞋进入车间；对机器轴承要及时添油；在搬运盛有可燃气体或易燃液体的金属容器时，不要抛掷；厂房内严禁吸烟；不准在高温管道和设备上烘烤衣服及其他可燃物件等。

2. 化学危险物品的安全处理

在化工企业内，具有燃爆危险的物质主要是化学物品。因此，在生产过程中，必须了解各种化学物品的物理化学性质，根据不同性质，采取相应的防火、防爆和防止火灾扩大蔓延的措施。对于物质本身具有自燃能力的油脂，以及遇空气能自燃、遇水燃爆的物质等，应采取隔绝空气、防火、防潮或采取通风、散热、降温等措施，以防止物质的自燃和发生爆炸。

两种互相接触会引起燃爆的物质不能混放；遇酸碱有分解爆炸燃烧的物质，应防止与酸碱接触；对机械作用比较敏感的物质，应轻拿轻放。

易燃、可燃气体和液体蒸气，要根据它们的相对密度，采取相应的排污方法和防火防爆措施。根据物质的沸点、饱和蒸气压考虑容器的耐压强度以及贮存、降温措施等。根据物质闪点、爆炸极限等，采取相应的防火防爆措施。

对于不稳定的物质，在贮存中应添加稳定剂或以惰性气体保护。对某些液体，如乙醚受到阳光作用时，会生成过氧化物，故必须保存在金属桶内或暗色的玻璃瓶中。

物质的带电性能，直接关系到物质在生产、贮存、运输等过程中，有无产生静电的可能。对于易产生静电的物质，应采取接地等防静电措施。

为了防止易燃气体、蒸气和可燃性粉尘与空气构成爆炸性混合物，应该使设备密闭或负压操作。对于在负压下生产的设备，应防止空气吸入。为了保证设备的密闭性，对危险物系统应尽量少用法兰连接，但要保证安装检修的方便。输送危险气体、液体的管道应采用无缝管。

3. 厂房的通风置换

对生产车间空气中可燃物的完全消除，仅靠设备的密闭是不可能实现的，往往还需借助于通风置换设备。对含有易燃易爆气体的厂房，所设置的排、送风设备应有独立分开的通风室，若通风室设在厂房内，则应有隔绝措施。同时，应采用不产生火花的通风机和调节设备。当置换含燃爆危险粉尘的空气时，应先将粉尘空气净化后送入风机，同时还应采用不产生火花的除尘器。如果粉尘与水接触能生成爆炸混合物，则不能采用湿式除尘器。

通风管道不宜穿过防火墙或非燃烧体的楼板等防火隔绝物。对有爆炸危险的厂房，应设置轻质板制成的屋顶、外墙或泄压窗。

4. 可燃物大量泄漏的处理

工厂可燃物的大量泄漏，对生产必将造成重大的威胁。为了避免因大量泄漏而引起的燃烧爆炸，必须进行恰当的处理。当车间出现物料大量泄漏时，区域内的可燃气体检测仪会立即报警，此刻，操作人员除向有关部门报告外，还应立即停车，打开灭火喷雾器，将气体冷凝或采用蒸气幕进行处理。同时要控制一切工艺参数的变化，若工艺参数达到临界温度、临界压力等危险值时，要按规程正确进行处理。

5. 工艺参数的安全控制

在生产中正确控制各种工艺参数，不仅可以防止操作中的超温、超压和物料跑损，而且是防止火灾爆炸的根本措施。

在生产中为了预防燃爆事故发生，对原料的纯度、投料量、投料速度、原料配比以及投料顺序等，必须按规定严格控制，同时要正确控制反应温度并在规定的范围内变化。

生产中的"跑、冒、滴、漏"现象，是导致火灾爆炸事故的原因之一，因此，要提高设备完好率，降低设备泄漏率；要对比较重要的各种管线，涂以不同颜色加以区别；对重要阀门采取挂牌加锁；对管道的震动或管道与管道间的摩擦等应尽力防止或设法消除。在发生停电、停气或汽、停水、停油等紧急情况时，要准确、果断、及时地作出相应的停车处理。若处理不当，也可能造成事故或事故的扩大。

6. 实现自动控制与安全保险装置

化工生产实现自动控制，并安装必要的安全保险装置，可以将各种工艺参数自动准确地控制在规定的范围内，保证生产正常地进行。生产过程中，一旦发生不正常或危险情况，保险装置就能自动进行动作，消除隐患。

7. 限制火灾爆炸的扩散蔓延

在化工生产设计时，对某些危险性较大的设备和装置，应采取分区隔离、露天布置和远距离操纵；在有燃爆危险的设备、管道上应安装阻火器及安全装置；在生产现场配备消防灭火器材；在生产中，一旦发生火灾爆炸，应立即关闭燃烧部位与生产系统的阀门，切断可燃物料的来源，同时选用合适的消防灭火器材进行灭火。

活动五　认识火灾

在本活动中，要求通过采用查找相关书籍、网络资源、向老师咨询等方法了解火灾的基本知识，并回答下面的问题。

1. 什么叫火灾？
2. 火灾分哪几类？

参考材料

火　　灾

凡失去控制，对财产和人身造成损害的燃烧现象，叫做火灾。

火灾的分类

1. 按燃烧特性分类

根据国家标准《火灾分类》GB 4968—85 把火灾分为 A、B、C、D 4 类。

(1) A 类火灾　A 类火灾指固体物质火灾。这种物质往往具有有机物特性，一般在燃烧时能产生灼热的余烬，例如棉、毛、麻、纸张、木材火灾等。灭火时可使用水、泡沫、磷酸铵盐干粉、卤代烷、二氧化碳等灭火剂。

(2) B 类火灾　B 类火灾指液体火灾和可熔化的固体物质火灾，例如汽油、柴油、原油、甲醇、乙醇、沥青、石蜡等火灾。这类火灾易随燃烧液体流动，燃烧猛烈，易发生爆燃、喷溅，不易扑救。灭火时可使用喷雾水、泡沫、干粉等灭火剂。

(3) C 类火灾　C 类火灾是指气体火灾，例如煤气、天然气、甲烷、乙炔、氢气火灾等。这类火灾常引起爆炸，破坏性很大，且难以扑救。灭火时应先将气体输送阀门和管道关死，截断气源，再冷却灭火。

(4) D 类火灾　D 类火灾指金属火灾，例如钾、钠、镁、钛、锆、锂、铝镁合金等火灾。这类火灾多因遇湿、遇高温自燃引起，灭火时忌用水、泡沫及含水性物质，也不能用卤代烷、二氧化碳及常用的干粉灭火剂，一般用干沙掩埋的方式灭火。

2. 按火灾损失分类

《火灾统计管理规定》规定，按照一次火灾所造成的人员伤亡、受灾户数和烧毁财产损失，将火灾分为特大火灾、重大火灾、一般火灾 3 类。

(1) 特大火灾　具有下列情形之一的火灾，为特大火灾。

①死亡 10 人以上（含本数，下同）；②重伤 20 人以上；③死亡、重伤 20 人以上；④受灾 50 户以上；⑤直接财产损失 100 万元以上。

(2) 重大火灾

①死亡 3 人以上；②重伤 10 人以上；③死亡、重伤 10 人以上；④受灾 30 户以上；⑤直接财产损失 30 万元以上。

(3) 一般火灾

不具有第 (1)、(2) 两项情形的火灾，为一般火灾。

活动六 认识灭火的原理

在本活动中，要求通过查阅相关书籍或网上资源，了解灭火有哪些措施，这些措施基于什么原理，并完成下面的问题。

用哪些办法可以将火灾扑灭？为什么？

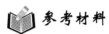参考材料

灭 火 原 理

1. 冷却灭火法

该灭火法的原理是将灭火剂直接喷射到燃烧的物体上，以降低燃烧的温度于燃点之下，使燃烧停止。或者将灭火剂喷洒在火源附近的物质上，使其不因火焰热辐射作用而形成新的火点。冷却灭火法是灭火的一种主要方法，常用水和二氧化碳作灭火剂冷却降温灭火。灭火剂在灭火过程中不参与燃烧过程中的化学反应。这种方法属于物理灭火方法。

2. 隔离灭火法

隔离灭火法是将正在燃烧的物质和周围未燃烧的可燃物质隔离或移开，中断可燃物质的供给，使燃烧因缺少可燃物而停止。具体方法有：①把火源附近的可燃、易燃、易爆和助燃物品搬走；②关闭可燃气体、液体管道的阀门，以减少和阻止可燃物质进入燃烧区；③设法阻拦流散的易燃、可燃液体；④拆除与火源毗连的易燃建筑物，形成防止火势蔓延的空间地带。

3. 窒息灭火法

窒息灭火法是阻止空气流入燃烧区，或用不燃物质冲淡燃烧区，使燃烧物得不到足够的氧气而熄灭的灭火方法。具体方法是：①用沙土、水泥、湿麻袋、湿棉被等不燃或难燃物质覆盖燃烧物；②喷洒雾状水、干粉、泡沫等灭火剂覆盖燃烧物；③用水蒸气或氮气、二氧化碳等惰性气体灌注发生火灾的容器、设备；④密闭起火建筑、设备和孔洞；⑤把不燃的气体或液体（如二氧化碳、氮气、四氯化碳等）喷洒到燃烧物区域内或燃烧物上。

活动七 认识消防设施

在本活动中，要求去实习的化工企业作调查，看一看工厂内有哪些消防设施，这些设施的作用是什么？并完成表 2-12。

表 2-12 工厂内消防设施表

设　　施	作　　用

参考材料

常见的消防设施见表 2-13。

表 2-13 常见消防设施

序号	名称及图片	特点或作用
1	警铃	当发生火灾时,鸣响以告知他人
2	消火栓箱	为扑灭火灾提供水源
3	消防栓	为扑灭火灾提供水源
4	报警破玻按钮	当发生火警或需启动报警按钮时,只要击碎玻璃,按下按钮,即可启动消防警铃及其他联动的消防设备,确保消防的可靠及时

续表

序 号	名称及图片	特点或作用
5	自动喷水喷淋头	收到火警时,自动喷水起防火和灭火作用
6	自动喷水喷淋头	收到火警时,自动喷水起防火和灭火作用
7	自动报警探测头	通过感烟、感温或感光等手段,及时发现火灾
8	机械泡沫灭火器	可扑灭可燃固体、液体的初起火灾
9	化学泡沫灭火器	可扑救一般物质或者油类火灾

序号	名称及图片	特点或作用
10	二氧化碳灭火器	喷出二氧化碳和雪片状干冰,能有效扑灭电气和易燃液体火灾
11	推车式细水雾灭火器	以清水为灭火药剂,成本低廉,可扑救常见火灾
12	干粉灭火器	一般用于可燃固体、可燃液体、可燃气体,与带电设备的初起火灾

活动八　认识和使用干粉灭火器

在本活动中,要求通过查找相关的书籍和网络资源,了解干粉灭火器的原理,通过到生产现场观察干粉灭火器的外观和请教现场的师傅,认识干粉灭火器的使用方法,并完成下面的问题。

1. 干粉灭火器灭火的原理是什么?
2. 干粉灭火器的使用步骤有哪些?
3. 干粉灭火器能扑灭哪些火灾?

参考材料

干粉灭火器

干粉灭火器的筒体内装的是以碳酸氢钠为基料的小苏打粉、改性钠盐粉、硅化小苏打干粉、氨基干粉以及少量的防潮剂硬脂酸及滑石粉等。用干燥的压缩气（如 CO_2 或 N_2）作为喷射的动力，将干粉从筒体内喷出，在燃烧区形成粉雾灭火。

在燃烧区干粉碳酸氢钠受高温作用，发生如下的反应：

$$2NaHCO_3 \xrightarrow{\text{高温}} Na_2CO_3 + H_2O + CO_2 - Q$$

在反应过程中，由于放出大量水蒸气和 CO_2，并吸收大量的热，因此，起到一定冷却和稀释可燃气体的作用；同时，干粉灭火剂与燃烧区碳氢化合物发生作用，夺取燃烧连锁反应的自由基，从而抑制燃烧过程，致使火焰熄灭。

干粉灭火剂无毒、无腐蚀作用，主要用于扑救石油及其产品、可燃气体及电器设备的初起火灾以及一般固体的火灾。扑救较大面积的火灾时，需与喷雾水流配合，以改善灭火效果，并可防止复燃。

干粉灭火器的使用情况如图 2-2 所示。

1.右手握着压把，左手托着灭火器底部，轻轻地取下灭火器。

2.右手提着灭火器到现场。

3.除掉铅封。

4.拔掉保险销。

5.左手握着喷管，右手提着压把。

6.在距离火焰2m的地方，右手用力压下压把，左手拿着喷管左右摆动，喷射干粉覆盖整个燃烧区域。

图 2-2 干粉灭火器的使用

活动九　认识和使用泡沫灭火器

在本活动中，要求通过查找相关的书籍和网络资源，了解泡沫灭火器的原理，通过到生产现场观察泡沫灭火器的外观和请教现场的师傅，认识泡沫灭火器的使用方法，并完成如下的问题。

1. 泡沫灭火器灭火的原理是什么？
2. 泡沫灭火器使用时需要经过几个步骤？
3. 泡沫灭火器能扑灭哪些火灾？

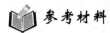 参考材料

泡沫灭火器

泡沫灭火器主要由碳酸氢钠、硫酸铝和少量发泡剂（甘草粉）与稳定剂（氯化铁）组成。使用时可通过颠倒灭火器或其他方法，使两种化学溶剂混合而发生如下反应：

$$Al_2(SO_4)_3 + 6NaHCO_3 =\!=\!= 3Na_2SO_4 + 2Al(OH)_3 + 6CO_2$$

反应生成的 CO_2 气体，一方面在发泡剂的作用下形成以 CO_2 为核心的外包 $Al(OH)_3$ 的大量微细泡沫，另外，使灭火器内压力很快上升，将生成的泡沫从喷嘴中压出。由于泡沫中含有胶状 $Al(OH)_3$，易黏附在燃烧物表面，并可增强泡沫的热稳定性。灭火器中稳定剂不参加化学反应，但它可分布于泡膜中使泡沫稳定、持久，提高泡沫的封闭性能，起到隔绝氧气的作用，达到灭火的目的。

泡沫灭火器主要用于扑救闪点在 318K 以下的易燃液体的着火，如汽油、香蕉水、松香水等非水溶液体的火灾，也能扑救固体物料的火灾。但对水溶性可燃、易燃液体，如醇、醚、酮、有机酸等，带电设备、轻金属、碱金属及遇水可发生燃烧爆炸的物质的火灾，切忌使用。

泡沫灭火器的使用情况如图 2-3 所示。

1.右手握着压把，左手托着灭火器底部，轻轻地取下灭火器。

2.右手提着灭火器到现场。

3.右手掴住喷嘴，左手执筒底边缘。

4.把灭火器颠到过来呈垂直状态，用劲上下晃动几下，然后放开喷嘴。

5.右手抓筒耳，左手抓筒底边缘，把喷嘴朝向燃烧区，站在离火源8m的地方喷射并不断前进，兜围着火焰喷射，直到把火扑灭。

6.灭火后，把灭火器卧放在地上，喷嘴朝下。

图 2-3　泡沫灭火器的使用

活动十　认识和使用二氧化碳灭火器

在本活动中，要求通过查找相关的书籍和网络资源，了解泡沫二氧化碳灭火器的原理，通过到生产现场观察二氧化碳灭火器的外观和请教现场的师傅，认识二氧化碳灭火器的使用方法，并完成如下的问题。

1. 二氧化碳灭火器灭火的原理是什么？
2. 二氧化碳灭火器使用时需要经过几个步骤？
3. 二氧化碳灭火器能扑灭哪些火灾？

参考材料

二氧化碳灭火器

二氧化碳是无色、无味的气体，相对密度为 1.059，不助燃，不导电，可以液态形式装入钢瓶内贮存和运输，是一种较好的灭火剂。它的灭火作用，主要是体现在冷却与稀释空气的作用上。当 CO_2 从灭火器喷嘴喷出时，在燃烧物表面会覆盖一层雪花状白色固体——干冰。由于干

冰温度为194.5K，气化时能发生骤然膨胀而吸收空气热量，使燃烧区的温度急剧降低，同时，空气中增加了既不燃烧又不助燃的CO_2成分，燃烧物将被CO_2笼罩，相应地也稀释了空气中氧的含量。实践表明，当燃烧区域空气中氧含量低于12%或者CO_2含量达到30%～35%时，绝大多数燃烧物都会熄灭。

二氧化碳灭火器有很多优点，如灭火后不留有任何痕迹，不损坏被救物品，不导电，无毒害，无腐蚀，用它可以扑救电器设备、精密仪器、电子设备、图书档案资料等火灾。但它忌用于某些金属，如钾、钠、镁、铝、铁及其氢化物的火灾，也不适用于某些能在惰性介质中自身供氧燃烧的物质，如硝化纤维火药的火灾，也难于扑灭一些纤维物质内部的阴燃火。

二氧化碳灭火器的使用情况如图2-4所示。

1.用右手握着压把。

2.用右手提着灭火器到现场。

3.除掉铅封。

4.拔掉保险销。

5.站在距火源2m的地方，左手拿着喇叭筒，右手用力压下压把。

6.对着火焰根部喷射，并不断推前，直至把火焰扑灭。

图 2-4 二氧化碳灭火器的使用

任务五　了解防尘防毒基本知识

任务目标：能够了解尘毒的分类、来源、危害及防护等基本知识。

活动一　了解尘毒的种类及来源

尘毒是指化工厂可能释放到空气中的对人体有害的物质，到工厂进行调研，了解化工厂可能释放的有毒、有害物质有哪些？是在哪个工段释放出来的？并填入表2-14。

表 2-14　尘毒物质的种类及来源表

序　号	尘毒物质的名称	来　源　工　段
1		
2		

续表

序 号	尘毒物质的名称	来 源 工 段
3		
4		
5		
6		
7		
8		

活动二 资料交流

在本活动中,把了解到的有毒、有害物质和其他同学进行交流,扩充一下自己的内容。

参考材料

化工尘毒的种类及来源

1. 种类

在化工生产过程中,散发出来的有危害的尘毒物质,按其物理状态,可分为 5 类。

(1) 有毒气体 指在常温常压下是气态的有毒物质,如光气、氯气、硫化氢、氯乙烯等气体。这些有毒气体能扩散,在加压和降温的条件下,它们都能变成液体。

(2) 有毒蒸气 如苯、二氯乙烷、汞等有毒物质,在常温常压下,由于蒸气压大,容易挥发成蒸气,特别在加热或搅拌的过程中,这些有毒物质就更容易形成蒸气。

(3) 雾 悬浮在空气中的微小液滴。当液体蒸发后,在空气中凝结而成的液雾细滴,也有的是由液体喷散而形成的。如盐酸雾、硫酸雾、电镀铬时产生的铬酸雾等。

(4) 烟尘 又称烟雾或烟气,是在空气中飘浮的一种固体微粒($0.1\mu m$ 以下)。如有机物在不完全燃烧时产生的烟气,橡胶密炼时冒出的烟状微粒等。

(5) 粉尘 用机械或其他方法,将固体物质粉碎形成的固体微粒。一般在 $10\mu m$ 以上的粉尘,在空气中很容易沉降下来。但在 $10\mu m$ 以下的粉尘,在空气中就不容易沉降下来,或沉降速度非常慢。

前 2 类为气态物质,后 3 类除了粗粉尘容易沉降下来的以外,其他都能在空气中飘浮,故称气溶胶。

2. 来源

由于化工生产的原料路线广,产品种类多,故产生尘毒物的原因和造成尘毒物质的途径也不一样。总的来说,尘毒物质主要来源有下列几方面。

(1) 生产原料、中间产品和产品 化工生产所用的原料和某些中间产品或产品,都具有毒性,有些甚至是剧毒性物质。如苯、甲苯、二硫化碳、金属铅、汞、锰等。

(2) 由化学反应不完全和副反应产生的物质 有机化学反应的转化率和选择性一般都不很高,生产中往往会产生一些不希望生成的副产物(杂质),即使是反应转化率较高,但获得的产品(按原料量计)一般在 $80\%\sim95\%$。因此,在生产过程中一定要排放一些化学物质(循环气或废液),这些排放物如不处理,势必给环境造成污染。如生产丙烯腈时,要排放毒物乙腈和氢

氰酸。

(3) 生产过程中排放的污水和冷却水　化学工业用水量和排出的废水量都很大，尤其是用水直接冷却和吸收的过程。由于反应物与水直接接触，使排出的废水中势必含有较多的毒害物质。

(4) 工厂废气　工厂所用燃料，大多是煤和石油产品，在燃烧过程中将会产生大量的二氧化硫、氮氧化合物、碳氢化合物、铅化物和一氧化碳等有害物质。另外，从放空管也能排放出大量的有毒气体。这些有害物质易导致局部地区的空气缺氧，甚至产生光化学烟雾。

(5) 其他生产过程中排出的废物　有的化学反应常加入水蒸气、惰性气体作稀释剂，最后以冷凝水或不凝气体的形式排入下水或大气中。催化剂的粉尘、废渣、滤饼等都属于生产过程中排出的尘毒物质。

(6) 设备和管道的泄漏　生产中若管理不善，设备、管路和阀门等未能及时检修，久而久之，就会出现带漏运转，这既损失了原料或产品，又会造成环境污染，直接毒害工人的身体健康。

活动三　了解尘毒物质的危害

在本活动中，要求通过查找相关的书籍和网络资源，了解自己在活动二中列出的有毒、有害物质如果被人接触或被人吸入体内会对人造成什么样的危害？将查找的结果填入表2-15。

表 2-15　尘毒物质对人的危害表

序号	物　质　名　称	对人的危害
1		
2		
3		
4		
5		
6		
7		
8		

参考材料

毒物对人体的危害

1. 毒物对全身的危害

毒物侵入人体且被吸收后，通过血液循环分布到全身各组织或器官。由于毒物本身理化特性，使各组织的生化、生理特性发生变化，进而破坏了人的正常生理机能，产生中毒的危害。

(1) 急性中毒对人体的危害　急性中毒是指在短时间内大量毒物迅速作用于人体后发生的病变。毒物的性能不同，对人体各系统的危害亦不同。

① 对呼吸系统的危害。刺激性气体、有害蒸气和粉尘等毒物，对呼吸系统将会引起窒息状态、呼吸道炎和肺水肿等病症。

② 对神经系统的危害。四乙基铅、有机汞、苯、环氧乙烷、三氯乙烯、甲醇等毒物，会引起中毒性脑病。表现为头晕、头痛、恶心、呕吐、嗜睡、视力模糊以及不同程度的意识障碍等。

③ 对血液系统的危害。急性职业病中毒可导致白细胞增加或减少，高铁血红蛋白的形成及溶血性贫血等。

④ 对泌尿系统的危害。在急性中毒时，有许多毒物可引起肾脏损害，如汞和四氯化碳中毒，会引起急性肾小管坏死性肾病。

⑤ 对循环系统的危害。毒物砷、锑、有机汞农药等，可引起急性心肌损害；而三氯乙烯、汽油等有机溶剂的急性中毒，毒物刺激 β-肾上腺素分泌而致心室颤动；刺激性气体会引起肺水肿，由于肺部渗入大量血浆及肺循环阻力的增加，可能出现肺原性心脏病。

⑥ 对消化系统的危害。经口的汞、砷、铅等中毒，可发生严重的恶心、呕吐、腹痛、腹泻等酷似急性肠胃炎的症状；一些毒物，如硝基苯，氯仿、三硝基甲苯及一些肼类化合物，会引起中毒性肝炎。

(2) 慢性中毒对人体的危害　慢性中毒指由于长期受少量毒物的作用，而引起的不同程度的中毒现象。引起慢性中毒的毒物，绝大部分具有积蓄作用。人体接触毒物后，数月或数年后才逐渐出现临床症状，其危害也根据毒物的性能表现于人体的各系统。大致有中毒性脑及脊髓损害、中毒性周围神经炎、神经衰弱症候群、神经官能症、溶血性贫血、慢性中毒性肝炎、慢性中毒性肾脏损坏、支气管炎以及心肌和血管的病变等。

(3) 工业粉尘对人体的危害　粉尘主要来源于固体原料、产品的粉碎、研磨、筛分、混合以及粉状物料的干燥、运输、包装等过程。

工业粉尘对人体危害最大的是直径在 $0.5\sim5\mu m$ 的粒子，而工业中大部分粉尘颗粒直径就在此范围，因此对人体危害最大。

粉尘的物理状态、化学性质、溶解度以及作用的部位不同，对人体的危害也不同。一般刺激性粉尘落在皮肤上可引起皮炎；夏季多汗，粉尘易填塞毛孔而引起毛囊炎，脓皮肤病等；碱性粉尘，在冬季可引起皮肤干燥、皲裂；粉尘作用于眼内，刺激结膜引起结膜炎或麦粒肿；毛皮加工厂的粉尘和黄麻的粉尘对某些人有致敏作用，吸入后可引起支气管哮喘。

长期吸入一定量粉尘，就会引起各种肺尘埃沉着病，如吸入煤尘，引起煤肺尘埃沉着病；吸入植物性粉尘，引起植物性肺尘埃沉着病。游离的二氧化硅、硅酸盐等粉尘，可引起肺脏弥漫性、纤维性病变的产生。

2. 毒物对皮肤的危害

皮肤是机体抵触外界刺激的第一道防线，在从事化工生产中，皮肤接触外在刺激物的机会最多，在许多毒物刺激下，会造成皮炎和湿疹、痤疮和毛囊炎、溃疡、脓疱疹、皮肤干燥、皲裂、色素变化、药物性皮炎、皮肤瘙痒、皮肤附属器官及口腔粘膜的病变等症。

3. 毒物对眼部的危害

化学物质对眼的危害，可发生于某化学物质与组织的接触，造成眼部损伤；也可发生于化学物质进入体内，引起视觉病变或其他眼部病变。

化学物质的气体、烟尘或粉尘接触眼部或化学物质的碎屑、液体飞溅到眼部，可能发生色素沉着、过敏反应、刺激炎症或腐蚀灼伤。如醌、对苯二酚等，可使角膜、结膜染色；硫酸、盐酸、硝酸、石灰、烧碱和氨水等同眼睛接触，可使接触处角膜、结膜立即坏死糜烂；与碱接触的部位，碱会由接触处迅速向深部渗入，可损坏眼球内部。由化学物质中毒所造成的眼部损伤，有视野缩小、瞳孔缩小、眼睑病变、白内障、视网膜及结膜病变等。

4. 毒物与致癌

人们在长期从事化工生产中，由于某些化学物质的致癌作用，可使人体内产生肿瘤。这种对机体能诱发癌变的物质称为致癌原。

职业性肿瘤多见于皮肤、呼吸道和膀胱，少见于肝、血液系统。由于致癌病因与发病学尚有许多基本问题未弄清楚，加之在生产环境以外的自然环境，也可接触到各种致癌因素，因此要确定某种癌是否是仅由职业因素而引起的，必须要有充分的根据。

活动四　了解防尘毒的主要措施

想一想、议一议对防治尘毒有什么好办法？并完成下面的问题。

你所认为的防治尘毒措施有哪些？

查找相关书籍或网络资源，看一看别人是怎么认为的？并对自己的内容做补充后上交。

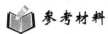参考材料

防止和减少尘毒物质的主要措施

各种有毒物如果逸散在空气中或与人体直接接触，若其浓度超过容许值，就会对人体产生危害作用。防止和减少尘毒物质的措施，主要是加强管理，设法减少有毒物质的来源，降低有毒物质在空气中的含量，减少尘毒物质与人体的接触机会等。

1. 防尘防毒的技术措施

通过技术革新，消除或减少生产现场尘毒物质，是防止尘毒的根本措施。

(1) 采用新的生产技术，改造设备和改变产品剂型，使生产过程中不产生尘毒。

(2) 以无毒或低毒原料代替有毒或高毒原料，是解决尘毒危害的好办法之一。例如生产氯丁橡胶时，过去采用苯作溶剂来制聚合中止用的终止剂，现在用水代苯，彻底消除了苯的危害。

(3) 以机械化、自动化操作代替繁重的手工操作，这不仅可以减轻操作者的劳动强度，而且可以避免操作者与尘毒物质的直接接触，减少尘毒物质对人体的危害。

(4) 采用隔离操作或远距离自动控制，减少操作者与尘毒物质的接触机会，避免尘毒的危害。

(5) 加强设备的维护保养，改进设备的密封方法和密封材料，以提高设备的完好和密封度；杜绝"跑、冒、滴、漏"，消除"二次尘毒"源。

(6) 综合治理工业"三废"，防止环境污染。

(7) 设置通风、排风装置，增加室内换气次数，尽快稀释和排出有毒物质，使操作者能在空气比较新鲜的环境中工作。

(8) 湿法降尘是治理粉尘危害的重要手段之一。其道理是大多数粉尘很容易被水湿润，致使一些飘尘（小于 $10\mu m$ 的粉尘）被水或雾聚合在一起，并逐渐增加其重量和粒度，直到被沉降下来，从而将空气净化。矿山湿式凿岩、水幕隔尘、喷雾除尘等措施，也都属于湿法降尘。

2. 防尘防毒的生产管理措施

(1) 加强卫生安全教育，制定防尘防毒措施，建立健全各项规章制度，严格执行安全生产责任制。

(2) 严格执行《工业企业设计卫生标准》中有关车间空气有害物质的最高容许浓度的标准规定。加强对车间现场有毒物质的定时分析监测工作，控制空气中尘毒物质的浓度。

(3) 严格执行设备维护检修制度，及时维修保养好设备，杜绝"跑、冒、滴、漏"，防止有

毒物质的扩散。

（4）做好个人防护，在生产现场配备必要的防尘防毒器材供操作人员使用。

活动五　了解常见防尘、防毒用品的性能特点及使用

在本活动中，要求通过查阅相关书籍或网络资源，了解防尘、防毒用品的相关知识，并回答下面的问题。

1. 常见的个人防护用品有哪些？各用在什么场合？
2. 呼吸器有哪些种类？各有什么特点？
3. 防尘口罩有哪些种类？各有什么特点？
4. 防毒面具有哪些种类？各有什么特点？

防尘、防毒个体防护用具

防尘、防毒个体防护用具包括皮肤防护和呼吸防护。皮肤防护主要有防尘毒面具、胶靴、手套、防护眼镜、耳塞、工作帽，或在皮肤暴露部位涂以防护油膏，避免有毒物质与人体皮肤的接触。一旦皮肤被有毒物质污染，必须立即清洗。

呼吸防护主要采用呼吸器防护。呼吸器可分为过滤式（净化法）呼吸器和隔离式（供气法）呼吸器两类（如图2-5所示）。

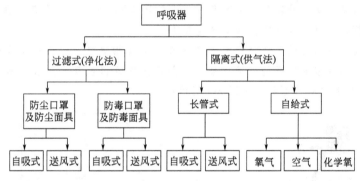

图 2-5　呼吸器分类

（1）过滤式（净化法）呼吸器　净化法是一种吸入气体中的污染物经过滤料被清除，净化后的空气供佩带者使用的方法。该类型不能用于缺氧环境（空气中含氧低于18%为缺氧环境），且对污染物的防护有选择性，因为有些有害气体和蒸气目前尚无法被现有的滤料所清除。

① 过滤式防毒呼吸器　如图2-6所示，它主要由呼吸面具或口罩和滤毒罐组成。过滤材料由滤网和吸收剂或吸附剂组成，它们的净化过程是，吸入空气中的有害颗粒粉尘等物被阻留在滤网外，粗过滤后的含毒空气经滤毒罐进行化学或物理吸收（附），将有毒物从空气中分离出来。

滤毒罐中使用的吸收（附）剂可分为下列几类：活性炭、化学吸收剂、催化剂、纺织品等。滤毒罐内装填不同的活性吸收（附）剂，就可有选择性的处理不同的有毒物，因此，使用中应根据所要过滤有毒物的性质选用相应的吸收（附）剂。根据具体的呼吸器具不同，过滤式呼吸器主要分为过滤式防毒面具和过滤式防毒口罩两种。

使用过滤式呼吸器时应注意，滤毒罐的有效期一般为两年，所以

图 2-6　过滤式防毒面具

使用前要检查是否已失效,滤毒罐的进出气口平时应盖严,以免受潮或与岗位低浓度有毒气体作用而失效。当空气中有毒气体浓度超过1%或者空气含氧量低于18%时,不能使用。

② 自吸过滤式防尘口罩　这种口罩靠佩带者的呼吸力克服部件的阻力,自吸过滤空气(如图2-7所示)。分为简易防尘口罩和复式防尘口罩两种类型,复式带有滤尘盒,而简易式没有带滤尘盒。

不带呼吸阀的简易式　　　带呼吸阀的简易式　　　口罩的实际应用

图 2-7　防尘口罩式样与应用

要求防尘口罩使用的材料对佩带者面部皮肤无危害,对人体健康无危害;结构方面应紧固、不容易损坏,对佩带者不产生压迫感或痛感,死腔(佩带时面罩与人体面部之间的空间)不应过大,对佩带者的视野影响小,佩带方便;过滤效率高;呼吸阻力小;气密性能好,泄漏率低等。

(2) 隔绝式(供气法)呼吸器　它提供一个独立于作业环境的呼吸气源,通过空气导管、软管或佩带者自身携带的供气装置向佩带者输送气体。

隔离式呼吸器所使用的供人呼吸空气与作业现场空气相隔绝,即不是从作业环境中获取的呼吸空气。因而可以在浓度较高的环境中使用。隔离式呼吸器主要分为各种氧气呼吸器(见图2-8所示)和各种蛇管式防毒面具(见图2-9所示)。

图 2-8　自带钢瓶的呼吸器　　　图 2-9　软管供气呼吸器

氧气呼吸器因供氧方式的不同,可分为氧气瓶呼吸器和隔绝式生氧面具。前者由氧气瓶的氧供人呼吸;后者是依靠人呼出的 CO_2 和 H_2O 与面具中的生氧剂发生化学反应,产生的氧气供人呼吸。氧气瓶呼吸器使用安全可靠,可用于检修设备或处理事故,但较为笨重。生氧面具不携带高压气瓶,因而可以在高温场所或火灾现场使用。

蛇管式防毒面具是通过长管将较远地点的新鲜空气经过滤处理后供人呼吸,这种面具又分为自吸式和送风式两种。前者是依靠使用人员自己吸入清洁空气,因此要求保证面罩的气密性好，软管不能过长，更不能发生使吸气受阻现象，适用于新鲜空气源较近的场所。后者是将过滤后的压缩空气经减压再送入呼吸面盔，使盔内保持正压状态，以供人呼吸。送风面盔常用于目前尚无法采取防毒措施的地方，如工人到油罐或反应釜中工作，或在船舱内油漆而又无法通风时。

防尘口罩

防尘口罩的主要防阻对象是颗粒物。"尘"的概念比较狭窄，尘属于颗粒物这个大的概念，包括粉尘（机械破碎产生）、雾（液态的）、烟（燃烧等产生）和微生物，也称气溶胶。能够进入人体肺脏深部的颗粒非常微小，粒径通常在 $7\mu m$ 以下，称作呼吸性粉尘，对健康危害大，是导致各类肺尘埃沉着病的元凶。所以，防尘口罩通过覆盖人的口、鼻及下巴部分，形成一个和脸密封的空间，靠人吸气迫使污染空气经过过滤。口罩本体通过常用防颗粒物的过滤材料制成，靠头带或耳带固定，人脸鼻处的密封通常借助金属鼻夹帮助塑造，但也有依靠其他方法实现的，有些还在口罩内鼻夹部位增加密封垫。由于口罩没有可以更换的部位，所以失效后需要整体废弃，也称随弃式面罩或免保养口罩。

1. 过滤材料

不同的防尘口罩使用的过滤材料不同。过滤效果不仅和颗粒物粒径有关，还受颗粒物是否含油的影响。防尘口罩通常要按照过滤效率分级，并按是否适合过滤油性颗粒物分类。不含油的颗粒物如粉尘、水基雾、漆雾、不含油的烟（焊接烟）、微生物等。"非油性颗粒物"的过滤材料虽比较常见，但它们不适合油性颗粒物，如油雾、油烟、沥青烟、焦炉烟等。而适合油性颗粒物的过滤材料也可用于非油性颗粒物。

产品式样由于密合的结构，防尘口罩通常有两种式样，即杯罩式和折叠式（参见图2-10和图2-11），杯罩式依靠一具预先模压成型的结构支撑过滤材料，优点是不容易塌陷，易保持形状；而折叠式利于单个包装，不用时便于携带。

图2-10 杯罩式口罩

图2-11 折叠式口罩

2. 附加功能

除了防阻颗粒物，有些防尘口罩还有附加功能，满足不同的使用条件或要求。使用中由于不断有粉尘等颗粒物沉积在口罩表面，使用一段时间后呼吸阻力会自然增加，使用者会感觉越来越不舒适，因此，有在口罩表面增加一个单向开启的呼气阀，降低呼气阻力，并帮助排出湿热空气，所以更适合温度较高的环境。

像焊接这种典型的含尘作业，除了高温，作业中还存在大量电焊火花，应该选择具有阻燃性的口罩以避免口罩被烧穿。焊接作业现场还会产生一些有害气体，最常见的是臭氧，另外有些作业环境只单独存在一些气体异味，浓度虽没有达到有害健康的水平（没有超标），但使人感觉不舒适,一种带活性炭层的防尘口罩就很适用,它不仅阻挡焊接中产生的焊烟和臭氧,也能有效排除异味。

防尘口罩除了工业用外,也有医用,主要用于呼吸道传染病的预防,如 SARS,结核杆菌、炭疽和流感等。虽然微生物属于非油性的颗粒物,但在医院使用有其特殊要求。首先不允许有呼气阀设计,防止手术时医生呼气所带细菌污染手术创面;另外,外层材料必须具有一定抗压力液体的穿透,防止传染性液体对医护人员的危害。

3. 选择方法

防尘口罩有各种各样,选择时必须针对不同的作业需求和工作条件。首先应根据粉尘的浓度和毒性选择。根据 GB/T 18664《呼吸防护用品的选择、使用与维护》,作为半面罩,所有防尘口罩都适合有害物浓度不超过 10 倍的职业接触限值的环境,否则就应使用全面罩或防护等级更高的呼吸器。如果颗粒物属于高毒物质、致癌物或有放射性,应选择过滤效率最高等级的过滤材料。如果颗粒物具有油性,务必选择适用的过滤材料。如果颗粒物为针状纤维,如矿渣棉、石棉、玻璃纤维等,由于防尘口罩不能水洗,粘上微小纤维的口罩面部密封部位易造成脸部刺激,也不适合使用。

对高温、高湿环境,选择带呼气阀的口罩会更舒适,选择可除臭氧的口罩用于焊接可提供附加防护,但若臭氧浓度高于 10 倍职业卫生标准可更换面罩,配尘、毒组合过滤元件。对不存在颗粒物,而仅仅存在某些异味的环境,选择带活性炭层的防尘口罩比戴防毒面具要轻便得多,如某些实验室环境,但由于国家标准不对这类口罩进行技术性能规范,选择时最好先试用,判断是否真正能够有效过滤异味。

防尘口罩是否真正起到防护作用,除了选择防护功能外,另一个重要选择因素是适合性。没有一个万能的设计能适合所有人的脸型。目前,防尘口罩的认证检测并不保证口罩适合每个具体的使用者,如果存在泄漏,空气中的污染物就会从泄漏处进入呼吸区。选择适合的口罩方法是采用适合性校验,它利用人的味觉,用专用工具发生苦味或甜味,如使用者能嗅到,说明口罩存在泄漏,具体请参考 GB/T 18664 中有关适合性检验的介绍。

4. 佩戴方法

防尘口罩结构虽然简单,但使用并不简单。选择适用且适合的口罩只是防护的第一步,要想防护真正起作用,必须正确使用,这不仅包括按照使用说明书佩戴,确保每次佩戴位置正确(不泄漏),还必须在接尘作业中坚持佩戴,及时发现口罩的失效迹象,及时更换。不同接尘环境粉尘浓度不同,每个人的使用时间不同,各种防尘口罩的容尘量不同,以及使用维护方法的不同,这些都会影响口罩的使用寿命,所以没有办法统一规定具体的更换时间。当防尘口罩的任何部件出现破损、断裂和丢失(如鼻夹、鼻夹垫),以及明显感觉呼吸阻力增加时,应废弃整个口罩。

无论防毒还是防尘,任何过滤元件都不应水洗,否则会破坏过滤元件。使用中若感觉不适,如头带过紧、阻力过高等,不允许擅自改变头带长度,或将鼻夹弄松等,应考虑选择更适的口罩或其他类型的呼吸器,好的呼吸器不仅适合使用者,更应具有一定的舒适度和耐用性,表现在呼吸阻力增加比较慢(容尘量大)、面罩轻、头带不容易松垮、面罩不易塌、鼻夹或头带固定牢固,选材没有异味和对皮肤没有刺激性等,这通常只有那些长期使用防尘口罩的工人们最有体会和最有发言权。

5. 使用误区

最大的误区:把纱布口罩当防尘口罩使用。早在 2000 年原国家经贸委在国经贸安全 [2000] 中就明文规定,纱布口罩不得作为防尘口罩使用,但至今还会经常见到这种错误的选择。纱布口罩在我国职业防护技术落后的年代，确实被普遍用于防尘，但近年来，随着我国在防护标准、检测技术及制造技术上的进步，以及社会防护意识的普遍增强，已经清楚地认识到纱布的低效。2003年SARS期间，由于受错误的导向，医护人员使用纱布口罩防护，导致大量医护人员因防护不当受到传染，代价巨大，教训深刻。现在虽然从标准、法规对纱布口罩有了定论，但是长期使用纱布口罩，却培养了诸多错误的防护理念，如更强调便宜、应吸汗、应能水洗和透气等"好处"，却不重视密合性、有效的过滤等应有的防护效果。

常见的误区：和橡胶防尘半面罩相比，防尘口罩的防护效果低，密合性差，许多人感觉橡胶的材料更具有弹性，认为这更容易和自己脸密合。其实影响密合效果的不只在于材料的弹性，更在于面罩的设计，面罩头带选材的松紧度、易拉伸性，以及面罩重量和头带的匹配等，这些都影响着密合的效果。很多年以前，国外就已经通过大量的现场实验，调查这2类面罩在实际应用中的防护效果，研究证明，防尘口罩具有和橡胶防尘半面罩相同的防护水平，这主要就是指密合性。所以国外和国内标准中（GB/T 18664—2002），这两类面罩的指定防护因数都是10，都适用于颗粒物浓度不超过10倍职业卫生标准的环境。

6. 发展趋势

和橡胶面罩相比，防尘口罩的主要优势是舒适性，除了轻便、通气面积大所带来的低阻力外，"免保养"是它另一明显的"便利"。任何橡胶面罩使用后都需要清洗、保养、更换和维护，而防尘口罩则不需要。试想，很多年以前几乎我们每人都使用手帕，而今大家几乎都使用纸巾，一个重要因素就是"免维护"带来的便利。当然，免保养口罩如果每天更换，势必增加使用成本。在国内不少情况下，使用橡胶面罩更换过滤元件相对会经济一些，所以目前我国防尘呼吸器的选用，基本还是以橡胶面罩为主，但相信将来会选择使用免保养型口罩。

项目三　认识化工污染与化工环保

项目说明

本项目学习了解化工污染物的种类、来源、危害及防治的相关知识。主要内容有：化工污染物的种类及来源；化工废水的来源、有害成分及危害；化工废气的来源、有害成分及危害；化工废渣的来源及危害；化工污染物的综合防治。

主要任务

■ 化工污染物的种类及来源；

■ 认识化工废水；

■ 认识化工废气；

■ 认识化工废渣；

■ 了解化工污染的综合防治措施。

任务一　化工污染物的种类及来源

任务目标：认识化工企业的污染物的种类及来源。

活动一　认识生活中的污染物

在日常生活中会遇到许多污染环境的物质，想一想都有哪些？完成表3-1。

表3-1　生活中的污染物

分　　类	我所认识的污染物
固体类	
液体类	
气体类	
其他	

活动二　资料交流

把自己的表格和其他同学进行交流，看是否又有什么新的启发？再将自己的表格进行补充。

活动三　认识化工生产中的污染物

到实习的工厂中去进行调查，看化工生产会产生哪些污染物，把它们记录下来，完成表3-2。

表3-2　化工厂中的污染物

分　　类	自己所认识的污染物
固体类	
液体类	
气体类	
其他	

活动四　资料交流

把自己的表格和其他同学进行交流，看是否又有什么新的启发？再将自己的表格进行补充。

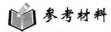参考材料

化工污染物种类及来源

按污染物的性质可分为无机化学工业和有机化学工业污染；按污染物的形态可分为废气、废水及废渣。

化工污染物的主要来源大致分为以下两个方面。

1. 由化工生产的原料、半成品及产品可能产生的污染物

（1）化学反应不完全　目前，所有的化工生产中，原料不可能全部转化为半成品或成品，其中有一个转化率的问题。未反应的原料，虽有部分可以回收再用，但最终总有一部分因回收不完全或不可能回收而被排放掉。若化工原料为有害物质，排放后便会造成环境污染。化工生产中的"三废"，实际上是生产过程中流失的原料、中间体、副产品，有的甚至是宝贵的产品。尤其反映在农药、化工行业领域，它们的主要原料利用率一般只有30%～40%，即有60%～70%以"三废"形式排入环境。因此，对"三废"的有效处理和利用，既可创造经济效益又可减少环境污染。如氮肥工业利用氨与硫酸的中和反应制取硫酸铵时，虽然反应过程比较简单，技术也比较成熟，但260kg氨和750kg硫酸，共重1010kg，生产出的硫酸铵却只有1000t，这表明约1%的原料不能有效反应，随着废气排放掉了。再如硫酸工业制造硫酸时，最后的工序是用硫酸吸收三氧化硫，吸收后的废气排入空气中，而这部分废气中既含有硫酸不吸收的二氧化硫，也含有吸收不完全而随着废气排掉的三氧化硫和硫酸雾。

（2）原料不纯　化工原料有时本身纯度不够，其中含有杂质。这些杂质因一般不参与化学反应，最后也要排放掉，而且大多数杂质为有害的化学物质，会对环境造成重大污染。有些化学杂质甚至还参与化学反应，而生成的反应产物同样也是所需产品的杂质。对环境而言，也是有害的污染物。

例如氯碱工业电解食盐溶液制取氯气、氢气和烧碱，只能利用食盐中的氯化钠，其余占原料约10%左右的杂质则排入下水道，成为污染源。

（3）生产中的"跑、冒、滴、漏"　由于生产设备、管道等封闭不严密，或者由于操作水平和管理水平跟不上，物料在贮存、运输以及生产过程中，往往会造成化工原料、产品的泄漏，习惯上称为"跑、冒、滴、漏"现象。这一现象不仅造成经济上的损失，同时还可能造成严重的环境污染事故，甚至会带来难以预料的后果。

2. 由化工生产过程中排放出的废弃物

（1）燃烧过程造成的污染　化工生产过程一般需要在一定的压力和温度下进行，因此需要有能量的输入。能量的输入往往依靠燃料的燃烧，而燃料在燃烧时产生的大量废气和烟尘，对环境造成极大的危害。

烟气中各种有害物质的含量与燃料的品种有很大的关系。以煤的燃烧导致的污染最为严重，燃油和天然气次之。

（2）冷却水造成的污染　化工生产过程中除了需要大量的热能外，还需要大量的冷却水。例如生产1t烧碱大约需要100t冷却水。在生产过程中，用水进行冷却的方式一般有直接冷却和间接冷却两种。采用直接冷却时，冷却水直接与被冷却的物料进行接触，这种冷却方式很容易使水中含有化工

物料，而成为污染物质。但当采用间接冷却时，虽然冷却水不与物料直接接触，但因为在冷却水中往往加入防腐剂、杀藻剂等化学物质，排出后也会造成污染，即便没有加入有关的化学物质，冷却水也会对周围环境带来热污染问题。它会影响到渔业生产，因水温升高使水中溶解氧减少，另一方面又使鱼的代谢率增高而需要更多的溶解氧，鱼在热应力作用下发育受到阻碍，甚至死亡。根据研究表明，在不适合的季节，河流水温只要增高5℃，就会破坏鱼类的生活。一般水生生物能够生存的水温上限是33～35℃，大约在此温度下，一般的淡水有机体还能保持正常的种群结构，超过这一温度就会丧失许多典型的有机体。藻类种群也随温度而发生变化，在具有正常混合藻类种的河流中，20℃时，硅藻占优势；30℃时绿藻占优势；35℃时蓝藻占优势。蓝藻占优势时发生水污染，水有不好的味道，不宜供水，有些蓝藻种属对牲畜和人类有毒害作用。

（3）副反应造成的污染　化工生产中，在进行主反应的同时，还经常伴随着一些人们所并不希望的副反应和副反应产物。副反应产物（副产物）虽然有的经过回收之后，可以成为有用的物质，但是往往由于副产物的数量不大，而且成分又比较复杂，回收中存在许多困难，经济上需要耗用一定的经费，所以往往将副产物作为废料排弃，而引起环境污染。

（4）生产事故造成的化工污染　比较经常发生的事故是设备事故。尤其是化工生产，因为原料、成品或半成品很多都是具有腐蚀性的，容器、管道等很容易被化工原料或产品腐蚀。如检修不及时，就会出现"跑、冒、滴、漏"等污染现象，流失的原料、成品或半成品就会造成对周围环境的污染。比较偶然的事故是工艺过程事故，由于化工生产条件的特殊性，若反应条件没有控制好，或催化剂没有及时更换，或者为了安全而大量排气、排液，或者生成了不需要的东西。这种废气、废液和不需要的东西，数量比平时多，浓度比平时高，就会造成一时的严重污染。如某氮肥厂在一次事故中向江水里排放了大量的高浓度的氨水，使2km的江段发生死鱼事件。

总之，化学工业排放出的废弃物，不外乎是三种形态的物质，即废水、废气和废渣，总称为化工"三废"。因为任何废弃物本身并非是绝对的"废物"，从某种程度上讲，任何物质对人类来说都是有用的，一旦人们合理地利用废弃物，就能够"变废为宝"。

任务二　认识化工废水

任务目标：了解化工废水的来源、主要有害物质及危害。

活动一　了解化工废水的来源

在本活动中，要求到实习工厂中进行调查，在某一车间的什么设备处要排放废水？废水中可能含有什么成分？完成表3-3。

表3-3　废水排放表

排放位置	可能含有的成分

参考材料

化工废水的主要来源

1. 生产、包装等过程中形成的废水

化工生产的原料和产品在生产、包装、运输、堆放的过程中因一部分物料流失又经雨水或用水冲刷而形成的废水。

2. 化学反应不完全而产生的废料

由于反应条件和原料纯度的影响,任何反应都有一个转化率问题。一般的反应转化率只有达到70%～80%。未反应的原料虽然可以经分离或提纯后可以再使用,但在循环使用过程中,由于杂质越积越多,积累到一定程度,就会妨碍反应的正常进行,如发生催化剂中毒现象。这种残余的浓度低且成分不纯的物料常常以废水形式排放出来。

3. 化学反应中副反应过程生成的废水

化工生产中,在进行主反应的同时,经常伴随着一些副反应,产生了副产物。这些副产物一般可回收利用。但在某些情况下,当如数量不大,成分比较复杂,分离比较困难,分离效率不高,回收经济不合算等时,常不回收利用而作为废水排放。

4. 冷却水

化工生产常在高温下进行,因此,需要对成品或半成品进行冷却。采用水冷时,就排放冷却水。若采用冷却水与反应物料直接接触的直接冷却方式,则不可避免地排出含有物料的废水。

5. 一些特定生产过程排放的废水

如焦炭生产的水力割焦排水,蒸汽喷射泵的排出废水,蒸馏和汽提的排水与高沸残液,酸洗或碱洗过程排放的废水,溶剂处理中排出的废溶剂,机泵冷却水和水封排水等。

6. 地面和设备冲洗水和雨水

它们因常夹带某些污染物,最终也形成废水。

活动二　了解废水的危害

通过查阅相关的书籍和网络资源,调查废水中所含的成分如果直接排放会不会对环境造成危害？如果有危害,是什么样的危害？把它们一一写出来。

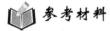参考材料

化工废水中的污染物及其危害

废水中的污染物种类大致可分为：固体污染物、耗氧有机物、营养性污染物、酸碱污染物、有毒污染物、油类污染物、生物污染物、感官性污染物和热污染等。

1. 固体污染物

固体污染物常用悬浮物和浊度两个指标来表示。

悬浮物是一项重要的水质指标,它的存在不但使水质浑浊,而且易使管道及设备堵塞、磨损,干扰废水处理及回收设备的工作。由于大多数废水中都有悬浮物,因此去除水中的悬浮物是废水处理的一项基本任务。

浊度是对水的光传导性能的一种测量,其值可表征废水中胶体和悬浮物的含量。水体中含有泥沙、有机质胶体、微生物以及无机物质的悬浮物和胶体物时,将产生浑浊现象,使透明度降低,影响感官甚至影响水生生物的生活。

固体污染物在水中以三种状态存在：溶解态（直径小于1nm）、胶体态（直径介于1～200nm之间）和悬浮态（直径大于100nm）。水质分析中把固体物质分为两部分：能透过滤膜（孔径约3～10μm）的叫溶解固体（DS）；不能透过的叫悬浮固体或悬浮物（SS）,两者合称为总固体（TS）,在水质监测中悬浮物（SS）是一个比较重要的指标。

2. 耗氧有机物

绝大多数的耗氧污染物（需氧污染物）是有机物，而无机物主要为还原态的物质，如 Fe、Fe^{2+}、S^{2-}、CN^- 等，因而在一般情况下，耗氧污染物即指需氧有机物或耗氧有机物。天然水中的有机物一般是水中生物生命活动的产物，人类排放的生活污水和大部分生产废水中都含有大量的有机物质，其中主要是耗氧有机物如碳水化合物、蛋白质、脂肪等。

耗氧有机物种类繁多，组成复杂，因而难以分别对其进行定量、定性分析。如果没有特殊要求，一般不对它们进行单项定量测定，而是利用其共性，间接地反映其总量或分类含量。在工程实际中，采用以下几个综合水质污染指标来描述。

(1) 化学需氧量（COD） 化学需氧量是指在酸性条件下，用强的化学氧化剂将有机物氧化成 CO_2、H_2O 所消耗的氧量，以每升水消耗的毫克数表示（mg/L）。COD 值越高，表示水中有机污染物的污染越严重。目前常用的氧化剂主要是重铬酸钾和高锰酸钾。由于重铬酸钾氧化作用很强，所以能够较完全地氧化水中大部分有机物和无机性还原性物质（但不包括硝化所需的氧量），此时化学需氧量用 COD_{Cr} 表示，主要适用于分析污染严重的水样，如生活污水和工业废水。如采用高锰酸钾作为氧化剂，则写作 COD_{Mn} 适用于测定一般地表水，如海水、湖泊水等。目前，根据国际标准化组织（ISO）规定，化学需氧量指 COD_{Cr}，而称 COD_{Mn} 为高锰酸钾指数。

与下面要介绍的生化需氧量相比，COD_{Cr} 能够在较短时间内（规定为 2h）较为精确地测出废水之中耗氧物质的含量，不受水质限制。缺点是不能表示可被微生物氧化的有机物量，此外废水中的还原性无机物质也能消耗部分氧，会造成一定的误差。

(2) 生化需氧量（BOD） 在有氧条件下，由于微生物的活动，降解有机物所需的氧量，称为生化需氧量，以每升水消耗氧的毫克数（mg/L）计。生化需氧量越高，表示水中耗氧有机物污染越严重。

(3) 总需氧量（TOD） 有机物主要元素是 C、H、O、N、S 等。在高温下燃烧后，将分别产生 CO_2、H_2O、NO_2 和 SO_2，所消耗的氧量称为总需氧量 TOD。TOD 的值一般大于 COD 的值。

(4) 总有机碳（TOC） 总有机碳是近年来发展起来的一种水质快速测定方法，通过测定废水中的总有机碳量可以表示有机物的含量。总有机碳的测定方法是：向氧含量已知的氧气流中注入定量的水样，并将其送入特殊的燃烧器（管）中，以铂为催化剂，在 900℃高温下，使水样气化燃烧，并用红外气体分析仪测定在燃烧过程中产生的 CO_2 量，再折算出其中的含碳量，就是总有机碳 TOC 值。为排除无机碳酸盐的干扰，应先将水样酸化，再通过压缩空气吹脱水中的碳酸盐。TOC 虽可以以总有机碳元素量来反映有机物总量，但因排除了其他元素，仍不能直接反映有机物的真正浓度。

3. 富营养化污染物

废水中所含 N 和 P 是植物和微生物的主要营养物质。当废水排入受纳水体，使水中 N 和 P 的浓度分别超过 0.2mg/L 和 0.02mg/L 时，就会引起受纳水体的富营养化，促进各种水生生物（主要是藻类）的活性，刺激它们的异常繁殖，并大量消耗水中的溶解氧，从而导致鱼类等窒息和死亡。其次，水中大量的 NO_3^-、NO_2^- 若经食物链进入人体，将危害人体健康或有致癌作用。

4. 无机无毒物质（酸、碱、盐污染物）

无机无毒物质主要指排入水体中的酸、碱及一般的无机盐类。酸主要来源于矿山排水、工业废水及酸雨。碱性废水主要来自碱法造纸、化学纤维制造、制碱、制革等工业的废水。酸碱废水的水质标准中以 pH 值来反映其含量水平。酸性废水和碱性废水可相互中和产生各种盐类；酸性、碱性废水亦可与地表物质相互作用，生成无机盐类。所以，酸性或碱性污水造成的水体污染必然伴随着无机盐的污染。

酸性和碱性污水使水体的 pH 值发生变化，破坏了自然的缓冲能力，抑制了微生物的生长，妨碍了水体的自净，使水质恶化、土壤酸化或盐碱化。此外酸性废水也对金属和混凝土材料造成腐蚀。同时，还因其改变了水体的pH值，增加了水中的一般无机盐类和水的硬度等。

5. 有毒污染物

废水中能对生物引起毒性反应的化学物质称为有毒污染物。工业上使用的有毒化学物已经超过12000种，而且每年以500种的速度递增。

毒物是重要的水质指标，各类水质标准对主要的毒物都规定了限值。废水中的毒物可分为3类：无机有毒物质、有机有毒物质和放射性物质。

(1) 无机有毒物质　这类物质具有强烈的生物毒性，它们排入天然水体，常会影响水中生物，并可通过食物链危害人体健康，这类污染物都具有明显的累积性，可使污染影响持久和扩大。无机有毒物质包括金属和非金属两类。金属毒物主要为汞、铬、镉、铅、镍、铜、锌、钴、锰、铁、钒、铝和铋等，特别是前几种危害更大。如汞进入人体后被转化为甲基汞，有很好的溶脂性，易进入生物组织，并有很高的蓄积作用，在脑组织内积累，破坏神经功能，无法用药物治疗，严重时能造成死亡。镉进入人体后，主要贮存在肝、肾组织中不易排出，镉的慢性中毒主要使肾脏吸收功能不全，降低机体免疫能力以及导致骨质疏松、软化，并引起全身疼痛，腰关节受损、骨节变形，即八大公害之一的骨痛病，有时还会引起心血管病等。

重要的非金属有毒物有砷、硒、氟、硫、氰、亚硝酸根等。如砷中毒时引起中枢神经紊乱、腹痛、肝痛、肝大等消化系统障碍，并常伴有皮肤癌、肝癌、肾癌、肺癌等发病率增高现象。无机氰化物的毒性表现为破坏血液，影响运送氧和氢的机能而导致死亡。亚硝酸盐在人体内还能与仲胺生成硝酸铵，具有强烈的致癌作用。

(2) 有机有毒物质　有机有毒物质的种类很多，这类物质大多是人工合成的有机物，难以被生物降解，并且它们的污染影响、作用也不同。大多是较强的三致物质（致癌、致突变、致畸），毒性很大。主要有酚类化合物、有机农药（DDT、有机氯、有机磷、有机汞等）、聚氯联苯（PCB）、多环芳烃等。这类物质的水溶性低而脂溶性高，可以通过食物链在人体和动物体内富集，对动物和人体造成危害。

(3) 放射性物质　放射性是指原子核衰变而释放射线的物质属性。主要包括X射线、α射线、β射线、γ射线及质子束等。天然的放射性同位素U238、Ra226、Th232等一般放射性都比较弱，对生物没有什么危害。人工的放射性同位素主要来自U、Ra等放射性金属的生产和使用过程，如核试验、核燃料再处理、原料冶炼厂等。其浓度一般较低，主要引起慢性辐射和后期效应，如诱发癌症，促成贫血、白细胞增生、对孕妇和婴儿产生损伤，引起遗传性损害等。

6. 油类污染物

油类污染物包括"石油类"和"动植物油"两项。沿海及河口石油的开发、油轮运输、炼油工业废水的排放、内河水运以及生活废水的大量排放等，都会导致水体受到油污染。油类污染物能在水面上形成油膜，影响氧气进入水体，破坏了水体的复氧条件。它还能附着于土壤颗粒表面和动植物体表，影响养分的吸收和废物的排出。当水中含油0.01～0.1mg/L时，对鱼类和水生生物就会产生影响。当水中含油0.3～0.5mg/L时，就会产生石油气味，不适合饮用。同时，油污染还破坏了海滩休养地、风景区的景观等。

7. 生物污染物质

生物污染物质是指废水中的致病性微生物，它包括致病细菌虫卵和病毒。水中的生物污染物主要来自生活污水、医院污水和屠宰肉类加工、制革等工业废水，主要通过动物和人排泄的粪便中含有的细菌、病菌及寄生虫类等污染水体，引起各种疾病传播。如生活污水中可能含有能引起肝炎、伤寒、霍乱、痢疾、脑炎的病毒和细菌以及蛔虫卵和钩虫卵等。生物污染物污染的特点是数量大、分布广、存活时间长、繁殖速度快,必须予以高度重视。

8. 感官性污染物

废水中能引起异色、浑浊、泡沫、恶臭等现象的物质,虽然没有严重的危害,但也引起人们感官上的极度不快,被称为感官性污染物。如印染废水污染往往使水色变红或其他染料颜色,炼油废水污染可使水色黑褐等。对于供游览和文体活动的水体而言,感官性污染物的危害则较大。各类水质标准中,对色度、臭味、浊度、漂浮物等指标都作了相应的规定。

9. 热污染

废水温度过高而引起的危害,称为热污染。热电厂等的冷却水是热污染的主要来源,这种废水直接排入天然水体,可引起水温升高,产生的主要危害主要有以下几点。

① 由于水温的升高,使水中的溶解氧减少,相应的亏氧量随之减少,故大气中的氧向水中传递的速率减慢;另一方面,水温的升高会导致生物耗氧速度的加快,促使水体中的溶解氧进一步耗尽,使水质迅速恶化,造成鱼类和其他水生生物死亡。

② 由于水温的升高,加快藻类繁殖,从而加快水体的富营养化进程。

③ 由于水温的升高,导致水体中的化学反应加快,使水体中的物化性质如离子浓度、电导率、腐蚀性发生变化,可能导致对管道和容器的腐蚀。

④ 由于水温的升高,加速细菌生长繁殖,增加后续水处理的费用。如取该水体作为给水源,则需要增加混凝剂和氯的投加量,且使水中的有机物含量增加。

任务三 认识化工废气

任务目标:了解化工废气的来源、主要有害物质及危害。

活动一 了解化工废气的来源

在本活动中,要求到实习工厂进行调查,在哪个车间的什么工段可能产生化工废气?废气中可能含有什么成分?完成表3-4。

表3-4 废气排放表

可能产生废气的工段	可能含有的成分

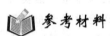参考材料

化工废气的来源

各种化工产品在每个生产环节都会产生并排出废气,造成对环境的污染。其来源有以下几个方面。

① 主反应进行不完全和同时可能进行的副反应所产生的废气。在化工生产过程中,随着反应条件和原料纯度的不同,有一个转化率的问题。原料不可能全部转化为成品或半成品,这样就形成了废料。一般情况下,在进行主反应的同时,经常还伴随着一些不希望发生的副反应,副反应的产物有的可以回收利用,有的则因数量不大、成分复杂,无回收价值,因而作为废料排出。

② 产品加工和使用过程中产生的废气,以及搬运、破碎、筛分及包装过程中产生的粉尘等。

③ 物料的"跑、冒、滴、漏"。

④ 开、停车或因操作失误，指挥不当，管理不善造成废气的排放。

⑤ 化工生产中排放的某些气体，在光或雨的作用下发生化学反应，也能产生有害气体。

活动二　认识化工废气的危害

通过查阅相关的书籍和网络资源，调查废气中所含的成分会不会对环境造成危害？如果有危害，是什么样的危害？把它们一一写出来。

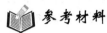参考材料

主要大气污染物及危害

目前对环境和人类产生危害的大气污染物约有 100 种，其中影响范围广、具有普遍性的污染物有颗粒物、硫化物、氮氧化物、碳氧化物、碳氢化合物等。

1. 颗粒物

颗粒物是指除气体之外的包含于大气中的物质，包括各种各样的固体、液体和气溶胶。其中有固体的灰尘、烟尘、烟雾，以及液体的云雾和雾滴，其粒径范围主要在 $0.1 \sim 200 \mu m$ 之间。按粒径的差异，可以分为降尘和飘尘两种。

① 降尘指粒径大于 $10 \mu m$，在重力作用下可以降落的颗粒状物质。其多产生于固体破碎、燃烧残余物的结块及研磨粉碎的细碎物质。自然界刮风及沙暴也可以产生降尘。

② 飘尘指粒径小于 $10 \mu m$ 的煤烟、烟气和雾在内的颗粒状物质。由于这些物质粒径小、质量轻，在大气中呈悬浮状态，且分布极为广泛。飘尘可以通过呼吸道被人吸入体内，对人体造成危害。

据联合国环境规划署统计，20 世纪 80 年代全世界每年大约有 23 亿吨颗粒物排入大气，其中 20 亿吨是自然排放的，3 亿吨是人为排放的。因此颗粒物主要来自自然污染源，如海水蒸发的盐分、土壤侵蚀吹扬、火山爆发等。人为排放的，主要产生于燃料的燃烧过程。

颗粒物自污染源排出后，常因空气动力条件的不同、气象条件的差异而发生不同程度的迁移。降尘受重力作用可以很快降落到地面，而飘尘则可在大气中保存很久。颗粒物还可以作为水汽等的凝结核，参与形成降水过程。

2. 硫化物

硫常以二氧化硫和硫化氢的形态进入大气，也有一部分以亚硫酸及硫酸（盐）微粒形式进入大气。大气中的硫约 2/3 来自天然源，其中以细菌活动产生的硫化氢最为主要。人为源产生的硫排放的主要形式是 SO_2，主要来自含硫煤和石油的燃烧、石油炼制以及有色金属冶炼和硫酸制造等。在 20 世纪 80 年代，每年约有 1.5 亿吨 SO_2 被人为排入大气中，其中 2/3 来自煤的燃烧，而电厂的排放量约占所有 SO_2 排放量的一半。

SO_2 是一种无色、具有刺激性气味的不可燃气体，是一种分布广、危害大的主要大气污染物。SO_2 和飘尘具有协同效应，两者结合起来对人体危害更大。SO_2 在大气中极不稳定，最多只能存在 $1 \sim 2$ 天。在相对湿度比较大，以及有催化剂存在时，可发生催化氧化反应，生成 SO_3，进而生成 H_2SO_4 或硫酸盐，所以，SO_2 是形成酸雨的主要因素。硫酸盐在大气中可存留 1 周以上，能飘移至 1000km 以外，造成远离污染源以外的区域性污染。SO_2 也可以在太阳紫外光的照射下，发生光化学反应，生成 SO_3 和硫酸雾，从而降低大气的能见度。

由天然源排入大气的 H_2S，会被氧化为 SO_2，这是大气中 SO_2 的另一主要来源。

3. 碳氧化物

碳氧化物主要有两种物质，即 CO 和 CO_2。CO 主要是由含碳物质不完全燃烧产生的，而天

然源较少。1970年全世界排入大气中的CO约为3.59亿吨,而由汽车等交通车辆产生的CO占总排放量的70%。

CO是无色、无臭的有毒气体,其化学性质稳定,在大气中不易与其他物质发生化学反应,可以在大气中停留较长时间。CO在一定条件下,可以转变为CO_2,然而其转变速率很低。人为排放大量的CO,会对植物等造成危害;高浓度的CO可以被血液中的血红蛋白吸收,而对人体造成致命伤害。

CO_2是大气中一种"正常"成分,参与地球上的碳平衡,它主要来源于生物的呼吸作用和化石燃料等的燃烧。然而,由于化石燃料的大量使用,使大气中的CO_2浓度逐渐增高,这将对整个大气中的长波辐射收支平衡产生影响,并可能导致温室效应。

4. 氮氧化物

氮氧化物(NO_x)种类很多,主要是一氧化氮(NO)和二氧化氮(NO_2),其他还有一氧化二氮(N_2O)、三氧化二氮(N_2O_3)、四氧化二氮(N_2O_4)和五氧化二氮(N_2O_5)等多种化合物。

天然排放的NO_x,主要来自土壤和海洋中有机物的分解,属于自然界的氮循环过程。人为活动排放的NO_x大部分来自化石燃料的燃烧过程,如汽车、飞机、内燃机及工业窑炉的燃烧过程;也来自生产、使用硝酸的过程,如氮肥厂、有机中间体厂、有色及黑色金属冶炼厂等。据20世纪80年代初估计,全世界每年由于人类活动向大气排放的NO_x约5300万吨。NO_x对环境的损害作用极大,它既是形成酸雨的主要物质之一,也是形成大气中光化学烟雾的重要物质和消耗臭氧的一个重要因子。

在高温燃烧条件下,NO_x主要以NO的形式存在。最初排放的NO_x中NO约占95%,但是,NO在大气中极易与空气中的氧发生反应,生成NO_2,故大气中NO_x普遍以NO_2的形式存在。空气中的NO和NO_2通过光化学反应,相互转化而达到平衡。在浓度较大或有云雾存在时,NO_2进一步与水分子作用形成酸雨中的第二重要酸分——硝酸。在有催化剂存在时,如遇上合适的气象条件,NO_2转变成硝酸的速度加快。特别是当NO_2与SO_2同时存在时,可以相互催化,形成硝酸的速度更快。

5. 碳氢化合物

碳氢化合物包括烷烃、烯烃和芳烃等复杂多样的物质。大气中大部分的碳氢化合物来源于植物的分解,人类排放的量虽然小,却非常重要。

碳氢化合物的人为来源主要是石油燃料的不充分燃烧和石油类的蒸发过程。在石油炼制、石油化工生产中也产生多种碳氢化合物。燃油的机动车亦是主要的碳氢化合物污染源,交通线上的碳氢化合物浓度与交通密度密切相关。

碳氢化合物是形成光化学烟雾的主要成分。在活泼的氧化物如原子氧、臭氧、氢氧基等自由基的作用下,碳氢化合物将发生一系列链式反应,生成一系列的化合物,如醛、酮、烷、烯以及重要的中间产物——自由基。自由基进一步促进NO向NO_2转化,造成光化学烟雾的重要二次污染物——臭氧、醛、过氧乙酰硝酸酯(PAN)。

碳氢化合物中的多环芳烃化合物,如3,4-苯并芘,具有明显的致癌作用,已引起人们的密切关注。

任务四 认识化工废渣

任务目标:了解化工废渣的来源及危害。

活动一 了解化工废渣的来源

在本活动中,要求到实习工厂中进行调查,在哪个车间的什么工段可能产生化工废渣?

废渣中可能含有什么成分？完成表3-5。

表3-5 废渣排放表

排放工段	可能含有的成分

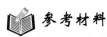

参考材料

化工废渣

化工废渣是指化学工业生产过程中产生的固体和泥浆废弃物，包括化工生产过程中排出的不合格的产品、副产物、废催化剂、废溶剂、蒸馏残液以及废水处理中产生的污泥等。化工废渣的性质、数量、毒性与原料路线、生产工艺和操作条件有很大的关系。由化工企业排放的固体形式的废弃物质，凡是具有毒性、易燃性、腐蚀性、放射性等都属于有害废渣。化工废渣除在生产过程中产生之外，还有非生产性的固体废弃物，如原料及产品的包装垃圾、工厂的生活垃圾等，这些垃圾中也会有很多有害的物质。化学工业固体废物的来源及废弃物名称如表3-6所示。

表3-6 化学工业固体废物来源及主要污染物

行 业	产 品	生产方法	主要污染物
无机盐行业	氰铬酸钾	氧化焙烧法	铬渣
	氯化钠	氨钠法	氰渣
	黄磷	电炉法	电炉炉渣、富磷泥
氯碱工业	烧碱	水银法、隔膜法	含汞盐泥、盐泥、废石棉隔膜、电石渣泥、废汞催化剂
	聚氯乙烯	电石乙炔法	电石渣
磷肥工业	黄磷	电炉法	电炉炉渣、磷泥
	磷酸	湿法	磷石膏
氮肥工业	合成氨	煤造气	炉渣、废催化剂、铜泥、气化炉灰
纯碱工业	纯碱	氨碱法	蒸馏废液、岩泥、苛化泥
硫酸工业	硫酸	硫铁矿制酸	硫铁矿烧渣、水洗净化污泥、废催化剂
有机原料及合成材料	季戊四醇	低温缩合法	高度废母液
	环氧乙烷	乙烯氯化(钙法)	皂化废渣
	聚甲醛	聚合法	稀醛液
	聚四氟乙烯	高温裂解法	蒸馏高沸残液
	聚丁二烯橡胶	电石乙炔法	电石渣
	钛白粉	硫酸法	废硫酸亚铁
染料工业	还原艳绿FFR	苯绕蒽酮缩合法	废硫酸
	双倍硫化黑	二硝基氯苯法	氧化滤液
化学矿山	硫铁矿	选矿	尾矿

活动二　了解化工废渣的危害

通过查阅相关的书籍和网络资源，调查化工废渣会不会对环境造成危害？如果有危害，是什么样的危害？把它们一一写出来。

参考材料

固体废弃物对环境的影响

固体废弃物由于产生量大，与废气、废水相比，处理水平要低得多。综合利用少、占地多、危害严重，是我国的主要环境问题之一。

目前，化工生产过程排出的废渣，除少部分综合利用和回收利用外，大部分排出的废渣采取堆存处理，每万吨废渣占地面积约 1.2～1.4 亩（1 公顷＝15 亩）。露天堆放废渣，不仅占用了大量的土地，而且废弃物经过雨淋浸出毒物，使土地毒化、酸化、碱化，其污染面积往往超过所占土地的数倍，并导致水体的污染。此外，废弃物如堆置不当还会造成很大的灾难，如尾矿或粉煤灰库冲决泛滥，淹没村庄、农田；泥石流中断公路、铁路、堵塞河道等灾难。一些工矿企业因无场地堆放废渣而直接排往江河湖海，1989 年排往江河湖海的固体废弃物达 1250 万吨。

固体废弃物对大气的污染也是极为严重的，如固体废弃物中的尾矿粉煤灰、干污泥和垃圾中的尘粒将随风飞扬，进而移往远处；有些地区煤矸石含硫量高而自燃，像火焰山一样散发出大量的二氧化硫；化工和石油化工中的多种固体废弃物本身或在焚烧时能散发毒气和臭味，恶化周围的环境。

固体废弃物对土壤的污染方面也同样严重，废物堆置或垃圾填埋处理，经雨水浸淋，其渗出液及沥滤液中含有的有害成分会改变土壤和土质的结构，影响其中的微生物活动，妨碍植物的根系生长，甚至使所在之处成为不毛之地，或在植物机体内积蓄，危害食用。

在固体废弃物的危害中，最为严重的是危险性废物的污染。易燃、易爆、腐蚀性、剧毒性废物，易造成突发性严重灾难，而且有毒性或潜在毒性的废弃物会造成持续性的危害。如美国纽约州的"拉夫"运河，20 世纪 50 年代曾埋进 80 多种化学废物，十余年后陆续发现水井变臭、儿童畸形、成年人患无名奇症等问题，曾迫使 200 余户搬迁，直至该区成为无人居住的"禁区"。类似的例子，在世界范围内屡见不鲜。

化工废渣的种类复杂，成分繁多，性质各异，故目前对废渣的治理还不能像治理废气及废水那样形成系统。

任务五　了解化工污染的综合防治措施

任务目标：能够了解化工污染的综合防治措施。

活动一　认识化工污染的防治

通过上面的活动已经了解到化工污染物的来源和危害，在本活动中，要求每位同学想一想，对防治化工污染有什么好办法？并完成如下的问题。

防治化工污染应该从哪些方面做起？

活动二　资料交流

在本活动中，要求每位同学提出防治化工污染的建议并和其他同学进行交流，看是否有新的认识，将建议补充后上交。

 **参考材料**

化工污染的综合防治

化学工业是我国国民经济中的支柱产业，但是化学工业又是容易产生污染的行业，是工业生产中的污染大户之一。近年来尽管化工行业进行了大量的环保工作，并取得了一定效果，但从总体上看，化工污染仍然十分严重，形势不容乐观。据有关数据表明，化工排放废水量在各行业中居第一位，废气、废渣排放量也都在全国前四名之列。在国家环保总局发布的全国3000家重点污染企业和300家严重污染企业中，化工企业各占1/4。因此，工业污染物达到国家或地方的排放标准的目标，任务极为繁重而艰巨。必须采取果断措施，运用法律的、行政的、技术管理等手段，动员化学工业战线上的广大职工，针对生产的各个薄弱环节，向污染宣战，实行综合治理，开创化工环境保护的新局面。

1. 提高环境意识，严格执法，依法治理环境

国家制定颁布的环保方针、政策、法律和法规，是做好化工环保工作的根本保证。由于执法不严，违法不究，助长了一些环境意识本来就不高的化工企业领导，在经济利益的驱动下，只顾企业效益，不顾社会效益和环境效益，使污染呈急剧上升趋势。由此可见，解决领导的环境认识问题是搞好化工环保的关键所在。解决领导的环境认识问题，必须依靠法治，充分发挥法律的威慑作用，主管部门必须依法管理环境，做到在法律面前人人平等，不能有任何例外。此外还应加强环保学习，相互交流经验，推动各级领导环境意识的全面提高，自上而下开展环保工作。

2. 从试制新产品、采用新技术开始，切实抓好污染预防工作

在科研、设计、生产中，科研是龙头，设计要以科研成果为依据，生产要以科研成果为指导，科研时不考虑环境保护，其后患无穷。

一些农药、染料企业之所以污染严重，一个重要的原因就是当初设计生产装置时采用的科研成果不理想，留下了隐患。还有一些研究农药新产品的科研院所，只图眼前经济效益，早出成果，不把保护环境放在心上，不仅开发的新产品的原材料、能源消耗高，排污量大，而且对其所产生的"三废"未配套治理，把问题留给了企业自行解决，结果成了老大难问题。因此，在科研成果进入科技市场的今天，加强科研管理，杜绝类似情况的发生是极为重要的。

具体做法为：①科研主管部门在安排新产品、新工艺、新技术科研任务时，应当把保护环境的内容包括进去，环保科研经济不应留下缺口；②在鉴定科研成果时，应当同时鉴定"三废"处理技术是否过关，并请环保部门参加评议和把关；③凡是"三废"处理技术不过关、经济不合算的科研成果不许推广。只有实施果断有力的措施，才能促进科研单位和科研人员提高环境意识，正确处理环境保护与科研工作的关系，使科研确实为环境保护贡献一份力量。

3. 严格控制新、扩、改项目产生新污染源，不欠环境新账

由于化工行业基础差，底子薄，生产以中小企业和老企业为主（占80%以上），历史上遗留下来的环境问题，几乎所有企业都存在，这已成为化工行业改善环境面貌的沉重包袱。如果不能控制新、扩、改项目新污染源的产生，又欠新账，一些化工企业将会出现产量翻番污染也翻番的可怕局面。因此，必须做到污染物达标排放，增产不增污或增产减污。其主要措施如下。

① 必须选用国内外的先进技术进行设计和施工，保证建成投产后，达到高产、优质、低耗的生产水平，把污染物的排放总量降低到最小限度。

② 依托老企业搞扩建、改造，凡是有相同"三废"的，应按照以新带老的原则，使新老"三废"一并解决。

③ 污染严重的老产品，在污染治理技术未彻底解决前，不应再扩大生产能力，此外，为上新项目腾出环境容量还必须减产或关停一些生产装置。

要真正做到新、扩、改项目增产不增污或增产减污，关键在于做好基本建设的前期工作，即在项目预安排时，就应组织多方案的可行性研究，立项目后应找有水平的环境审评单位编制环境影响报告书、做出客观评价，并按国家规定的审批程序，组织专家对报告书进行认真评议，论证其生产技术是否先进，经济是否合理，防治污染措施是否可行。只有这三方面都无问题的，才可批准项目可行性研究报告。其次要严格审查扩改设计，保证采用的技术是先进的，经济是合理的，是有利于环境保护的。项目建成后，环保工程的竣工验收，要走在主体工程竣工的前头。总之，环保部门要参与基本建设的全过程，不能等到厂址已定，项目已定，工程即将竣工验收时，再做环境保护的把关工作。

4. 结合企业结构、产品结构的调整，从化学工业发展规划上解决一批污染的老大难问题

制订化学工业发展规划时，不仅应考虑发展速度和新的经济增长点，而且要落实保护环境的措施，切实改变目前这种企业结构、产品结构不利于保护环境的状况。

(1) 通过产品更新换代，淘汰一些严重污染环境的产品　如染料行业鼓励发展生物染料取代有严重污染的蒽醌染料，禁止发展含苯胺类的染料；农药行业要加快发展生物农药、生物合成农药以取代有机磷农药，禁止生产杀虫脒等对环境危害极大的农药品种；氯碱行业要大力发展离子膜法烧碱，全部淘汰石墨阳极电解槽法；凡是有乙烯的地方要发展氧氯法生产聚氯乙烯树脂，以消除乙炔法生产聚氯乙烯所生产的大量电石渣。这些对企业发展的要求是从根本上减少污染的重大决策。

(2) 通过合理调整生产布局，大幅度减少能产生严重污染的产品的生产厂点　如铬盐、铅盐、钛白粉、氯化汞触媒、硬脂酸镉等产品，要按照生产大型化、专业化的原则，尽可能合并一些生产规模小、污染难治理的厂点，改由几家大型企业专营生产，以避免造成到处污染。

(3) 通过关停并转，裁减生产技术落后、污染严重的小型化工企业，减少污染点，缩小污染面　如小农药、小染料、小油漆、小化工、小橡胶加工等，它们在生产中原材料、能源消耗高，污染严重，而又很难从根本上改变环境面貌，存在下去是害多利少，必须认真贯彻落实国务院关于关掉十五小企业的规定，坚决实行关停并转。

关停并转企业牵涉到地方和部门利益，做好充分的思想工作，是实施这项战略措施的关键。

5. 全面推行清洁生产，改革落后工艺技术设备，把污染消除在生产过程之中

化工生产的一个重要特点，是生产一种产品，往往有几种生产方法和不同的原料路线，而选用优良的方法或先进的工艺、设备和技术，对根治"三废"污染起着决定性的作用。

如硫酸生产由1转1吸改为2转2吸，产生的含SO_2的尾气会由2000ppm(1ppm=10^{-6})降到200ppm，这时可直接达标排放；醋酸乙酯生产采用乙烯法取代乙炔法，不用硫酸汞作触媒，从而彻底消除了有机汞污染；氯碱生产，将水银法、石墨阳极隔膜法改为离子膜法，根除了汞害、石棉绒以及沥青烟雾的污染；还原橄榄绿B染料的生产，由原来9道工序改为1道工序，省去了硝基苯、硫酸、盐酸3种原料，从工艺上根除了酸性有机废水；对位、邻位硝基苯生产由间歇法操作工艺改为斜孔塔液相串联、连续蒸馏、分离新工艺，实现设备密闭连续化自动控制操作，既使产量提高45%，又无共融油副产品，物料流失减少，废水被消除。以上这些实例，充分说明了化工污染与生产技术是否先进的关系极大。但是，有些化工企业对推行清洁生产认识不足，跳不出"原料、产品、废弃物"传统工业发展模式的框框，不注重革新、改造、挖潜，一讲扩大再生产，首先想到的是加系统、加设备的粗放式做法，结果把本来原材料消耗高、产出少、污染大的落后工艺技术设备一而再、再而三地重复使用于新扩改项目，形成了生产规模越

大,原材料能源浪费越多,污染越严重的恶性循环局面。这种状况,应当尽快改变,否则,企业就走不出生产污染防不胜防、治不胜治的困境。

6. 大搞综合利用、深度加工,把"三废"尽可能转化为产品

化工"三废",实质上是生产过程中流失的原材料、中间体和产品,回收利用可为国家创造财富,而排出废弃的做法不仅仅是浪费资源而且还会造成公害,污染环境。因此,开展综合利用,最大限度地做到物尽其用,实现"三废"资源化,是消除污染、保护环境的一条积极方针,也是挖掘企业内部潜力、增产节约的一个重要方面。由于化工产品存在着内在联系,通过深度加工,把"三废"转化为产品是完全能办到的。

"三废"综合利用大有潜力可挖。

(1) 利用一种废物生产多种产品 如将漂白粉生产排出的含氯废气加碱吸收,先制成次氯酸钠,后又用次氯酸钠作原料加入尿素生产水合肼,进而又用水合肼生产 AC 发泡剂。3 次加工,生产 3 种产品,既充分利用了资源,又减少了污染。

(2) 以废治废,"两废"变成宝 如利用合成氨铜洗稀氨水提浓到 20%,用 20% 的氨水吸收硫酸生产排放尾气中的 SO_2 制成亚硫酸铵,供给造纸厂代替碱使用,从而使一股废水和一股废气得到治理,还有一定经济效益。

(3) 从有害气体中制取一系列化工产品 如生产普钙排放的含氟废气,可用于生产氟硅酸钠、氟硅酸钾、氟硅酸镁以及氟化铅、冰晶石等产品。

(4) 利用各种可燃气体余热发电或作燃料,节能除污 如炭黑行业生产炭黑用的窑炉排出的尾气不仅含有炭黑,而且主要成分 CO,可使之重新燃烧、余热发电。生产电石,由开放式电石炉改为全密闭电石炉后,利用炉气烧锅炉提供蒸汽或发电也取得了成功。还有利用各种蒸馏残液、各种废触媒,回收化工原料和贵重金属的诸多方法技术上都有了较大突破。由此可见,利用化工"三废"的门路很广,潜力很大。这不仅是消除化工生产污染的有效途径,也是企业生产向深度和广度推进,搞活经济,向"三废"要效益的生财之道。

7. 抓紧环保科研,突破一批关键技术,积极发展化工环保产业

国家要求化工行业各种污染物必须达标排放,除存在环保资金严重不足外,一些治理技术难度很大的污染物,如农药行业含有机磷废水、甲基氯化物废水;染料行业含硝基化合物废水、萘系废水;高浓度有色废水以及有机化工蒸馏残液等,都是至今没有啃下来的硬骨头,也是影响化工污染物达标排放的一个重要原因。因此,抓紧开发环保新技术,发展化工环保产业是至关重要的。化工行业发展环保产业既有优势,也有潜力,各种用于环境保护的絮凝剂、吸附剂、膜材料、离子交换树脂等无不是化工产品,从"三废"中分离出各种有用物质的技术与装备也是化工的强项,所以化工环保产业大有可为。

发展化工环保产业不仅是为了满足本行业治理污染的需求,而且要为其他行业治理污染提供技术服务。鉴于这种情况,原化工部遵照国务院《关于积极发展环境保护产业的决定》,把发展化工环保产业定为发展化学工业新型产业之一是完全正确的。各地化工部门和企业领导都应提高对化工环保产业重要性和必要性的认识,制定发展规划,把这项工作抓紧抓好,为化工污染物全部达标排放做出努力。

8. 切实加强生产、设备、环境管理,消除"跑、冒、滴、漏",绿化美化环境

解决化工污染问题一靠政策,二靠技术,三靠管理,三者缺一不可。其中要把管理摆到重要的位置上,因为再好的政策和再先进的技术,没有管理监督执行,也不能充分发挥其作用。化工行业许多污染都是由于管理不善、不严而发生设备的"跑、冒、滴、漏",或是操作不细导致事故而造成的污染。为了强化管理,改变化工污染形象,原化工部制订和颁布了创建清洁文

明工厂的标准和验放办法,对推动企业建立和健全管理制度,做好各项管理工作,加快"三废"治理步伐,消除设备"跑、冒、滴、漏",绿化美化厂区环境发挥了重要作用。但是,由于一些企业的污染长期得不到根治,造成了一定的危害,严重影响了企业的声誉。对此,这些污染大户们应以保护环境而求得生存与发展,切实加强管理,维护保养好设备,消除物料流失;开好管好现有环保设施,做好污染物达标排放;绿化美化厂区环境,彻底消除脏乱差;严格生产工艺操作,杜绝发生各种污染事故。对于既无资金问题又无技术问题的污染要立即解决。通过一系列措施,改变过去污染大户的面貌,挽回企业的声誉,变不受欢迎的企业为受欢迎的企业。

以上8个方面是综合防治化工污染的有机整体,它们是相互联系、相互制约、相互促进的,应当贯穿于整个环境管理。虽然造成化工污染的因素很多,但是只要把这8个方面的工作认真全面地抓紧抓好,不仅会收到理想的环境效果和经济效益,而且会大大促进化学工业的发展。

项目四 认识化工管路

项目说明

本项目学习了解化工管路的相关知识。主要内容有：化工管子的种类，各类管子的特点及使用场合；化工管件的种类、特点及用途，化工管路连接的不同方式及特点；化工设备涂色的基本规定，常见物料管路的颜色，化工设备标志的相关规定。

主要任务

■ 认识化工管子；
■ 认识管件的种类及管子的连接方法；
■ 了解化工设备的涂色和标志。

任务一 认识化工管子

任务目标：了解化工管子的种类，各类管子的特点及使用场合。

活动一 认识化工管子的种类

在本活动中，要求到化工生产的各个不同现场去观察、询问，化工生产中应用的管子按材料分，有哪些种类的管子，并记录下来，完成表 4-1。

表 4-1 管子的种类表

管子的类别	使用的车间或场所

活动二 了解化工管子的特点及使用场合

在本活动中，要求通过查阅相关书籍和网络资源，了解不同类型的管子的特点及使用场合，并完成表 4-2。

表 4-2 化工管子的特点及使用场合

管子的类型	管子的特点	管子的使用场合

续表

管子的类型	管子的特点	管子的使用场合

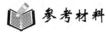

参考材料

化工管子的种类、特点及使用

工厂常用的管子一般有金属管和非金属管两大类，前者有铸铁管、钢管和有色金属管三种，后者有陶瓷管、水泥管、玻璃管、塑料管和衬里管。

1. 铸铁管

常用的铸铁管有普通铸铁管和硅铁管。

(1) 普通铸铁管 用上等灰铸铁铸成，常用作埋在地下的供水总管线、煤气管和污水管或料液管等。它的优点是价廉、耐碱液、耐浓硫酸等，但拉伸强度、弯曲强度和紧密性差，不能用于输送有压力的有害或爆炸性的气体，也不宜输送高温液体，如水蒸气等。因它性脆，故不适于焊接和弯曲加工。

铸铁管的内径以符号 ϕ 表示，如内径 1000mm 的铸铁管，可写作 ϕ1000mm，因每一种直径下规定只有一种壁厚，故在规格写法中，无须再表示壁厚。

(2) 硅铁管 它可分为高硅铁管和抗氯硅铁管两种。含硅 14% 以上的合金硅铁管，称为高硅铁管，它能抗硫酸、硝酸和温度低于 573K 的盐酸等强酸的腐蚀。含有硅和钼的铸铁管，称为抗氯硅铸铁管，它能抗各种浓度和不同温度的盐酸的腐蚀。这两种管的硬度很高，只能用金刚砂轮修磨或用硬质合金刀具来加工；性很脆，受到敲击或局部加热剧冷时，极易破裂；机械强度低于铸铁，只能用于 0.25MPa（表压）以下的管路。

2. 钢管

钢管分为无缝和有缝钢管两种。

(1) 无缝钢管 用棒料钢材经穿孔热轧（称为热轧管）或冷拉（称冷拉管）制成，因它没有接缝，故称无缝钢管。

无缝钢管的特点是质地均匀，强度高，壁厚较薄。但也有特殊用途的厚壁无缝钢管、锅炉无缝管以及石油化学工业专用的各种无缝管。

制造无缝钢管的材料有普通碳钢、优质钢和低合金钢，以及不锈钢和耐热铬钢等。它的尺寸是用外径来表示的，每一种外径按用途、压力、温度的不同各有多种壁厚。普通碳钢无缝钢管规格见表 4-3。

表 4-3 无缝钢管规格

类别	外径/mm	壁厚/mm	类别	外径/mm	壁厚/mm
冷拉管	25	25.3	热轧管	89	3.5,4,4.5,6,8~24
	38			102	4,4.5,6,8~24
	42	3,3.5		108	4,4.5,6,8~24
	50	3.5,4,4.5,5.5		114	4,4.5,6,8~28
	51	3.5,4,4.5,5.5		127	4,4.5,6,8~30
热轧管	57	3.5,4,4.5,5,6,8~13		146	6,8,10,12~36
	60	4,4.5,6,8~14		159	6,8,10,12~36
	63.5	4,4.5,6,8~14		168	6,8,10,12~45
	73	3.5,4,4.5,6,8~19		194	6,8,10,12~45
	76	3.5,4,4.5,6,8~19		219	6,8,10,12~45

高压管子的公称直径为6～200mm，壁厚为4～50mm，特点是直径小，耐压力越高，壁越厚。它的习惯表示法：如无缝钢管外径为40mm，壁厚为3.5mm，长度4m，用2号钢制造，则可写为 $\phi 40mm\times 3.5mm\times 4mm/20$，如不表示长度和钢号，可写为 $\phi 40mm\times 3.5mm$。

无缝钢管在生产中可用于高压蒸汽和过热蒸汽的管路，高压水和过热水的管路，高压气体和液体的管路，以及输送易燃、易爆、有毒的物料管路等。各种换热器内的管子大都采用无缝钢管，输送强烈腐蚀性或高温的介质时，采用不锈钢、耐酸钢或热钢制的无缝钢管。

(2) 有缝钢管　用低碳钢焊接的钢管，故又称焊接管。它可分为水、煤气管和钢板卷管。

水、煤气管是用含碳量0.1%以下的软钢（10号钢）制成的。因这种管子是用来输送水和煤气，它比无缝钢管容易制造，价廉，但由于接缝的不可靠性（特别是经弯曲加工后），故只广泛用于0.8MPa（表压）以下的水、暖气、煤气、压缩空气和真空管路。

水、煤气管可分为镀锌管（白铁管）和不镀锌管（黑铁管），普通管和加厚管，带螺纹管和不带螺纹管等几种类型。水、煤气管在规格写法中只表示内径，不表示壁厚。其规格和重量见表4-4。

表4-4　水、煤气钢管的规格和重量表

公称直径		外径/mm	钢管的种类					
			普通钢管			加厚钢管		
mm	in(英寸)		壁厚/mm	内径/mm	理论重/(kg/m)	壁厚/mm	内径/mm	理论重/(kg/m)
6	1/8″	10	2.00	6.00	0.39	2.50	5.00	0.46
8	1/4″	13.5	2.25	9.00	0.62	2.75	8.00	0.73
10	3/8″	17	2.25	12.50	0.82	2.75	11.50	0.97
15	1/2″	21.25	2.75	15.75	1.25	3.25	14.75	1.44
20	3/4″	26.75	2.75	21.25	1.63	3.50	19.75	2.01
25	1″	33.5	3.25	27.00	2.42	4.00	25.50	2.91
32	1 1/4″	42.25	3.25	35.75	3.13	4.00	34.25	3.77
40	1 1/2″	48	3.50	41.00	3.84	4.25	39.50	4.58
50	2″	60	3.50	53.00	4.88	4.50	51.00	6.16
65	2 1/2″	75.5	3.75	68.00	6.64	4.50	66.50	7.88
80	3″	88.5	4.00	80.50	8.34	4.75	79.00	9.81
100	4″	114	4.00	106.00	10.85	5.00	140.00	13.44
125	5″	140	4.50	131.00	15.04	5.50	149.00	18.24
150	6″	165	4.50	156.00	17.81	5.50	154.00	21.63

钢板卷管是由软钢板条卷成管形后电焊而成的钢管，又称电焊钢管。这种管只适用于直径大、管壁薄的管子，因此它的用途主要是补充无缝钢管规格的不足。

3. 有色金属管

化工厂在某些特殊情况下，需要用有色金属管——铜管与黄铜管、铅管和铝管。

(1) 铜管与黄铜管　铜管（或称紫铜管）质轻，导热性好，低温强度高，适用于低温管路和低温换热器的列管，细的铜管常用于传送有压力的液体（如润滑系统、油压系统）。当工作温度高于523K时，不宜在高压下使用。黄铜管多用于海水管路。

(2) 铅管　它的抗蚀性良好，能抗硫酸及10%以下的盐酸，但不能作浓盐酸、硝酸和醋酸等的输送管路。铅管易于碾压锻制成焊接，但机械强度差，热导率低，且性软，因此，目前为各种合金钢与塑料所代替。

铅管的习惯表示法为 ϕ 内径×壁厚。

(3) 铝管　它的耐蚀性能由铝的纯度决定。广泛用于输送浓硝酸、蚁酸、醋酸等物料的管路，但不耐碱，还可用以制造换热器。小直径的铝管可代替铜管，传送有压力的流体，当工作温度高于 433K 时,不宜在高压力下使用。

4. 陶瓷管

陶瓷管能耐酸碱(除氢氟酸外),但性脆,强度低,耐压性差,可用来输送工作压力为 0.2MPa 及温度在 423K 以下的腐蚀性介质。

5. 水泥管

水泥管多用作下水道污水管。目前,有在压力下输送液体或气体的预应力混凝土管,用以代替铸铁管和钢管。

6. 玻璃管

玻璃管具有耐蚀、透明、易清洗、阻力小、价格低廉等优点,但又有性脆、热稳定性差、耐压力低等缺点。

玻璃管的化学耐蚀性很好,除氢氟酸、含氟磷酸、热浓磷酸和热浓碱外,对大多数酸类、稀碱液及有机溶剂等均耐蚀,用于制造化工管路的玻璃管是硼玻璃和石英玻璃。

7. 塑料管

常用塑料管有硬聚氯乙烯塑料管、酚醛塑料管和玻璃钢管。

硬聚氯乙烯塑料管具有抵抗任何浓度的酸类和碱类的特点,但不能抵抗强氧化剂,如浓硝酸、发烟硫酸等,以及芳香烃和卤代烃的作用。它可用作输送 0.5~0.6MPa(表压)和 263~313K 的腐蚀介质,其最高温度为 333K,若用钢管铠装后,则可输送 363~473K 的介质。由于塑料的传热性差、热容量小,故可不用保温层。

酚醛塑料管可分为石棉酚醛塑料管(通称"法奥利特"管)和夹布酚醛塑料管两种。石棉酚醛塑料管主要用于输送酸性介质,最高工作温度为 393K;夹布酚醛塑料管宜于在压力低于 0.3MPa 及温度低于 353K 时使用,最高工作温度为 373K。

玻璃钢管又叫玻璃纤维增强塑料管。它是以玻璃纤维及其制品(玻璃布、玻璃带、玻璃毡)为增强材料,以合成树脂(如环氧树脂、酚醛树脂、呋喃树脂、聚酯树脂等)为胶黏剂,经成型加工而成。玻璃钢管质轻、高强度,耐腐蚀(除不耐 HF、HNO_3 和浓 H_2SO_4 外,其他酸类、盐类,甚至碱都可耐)、耐温、电绝缘、隔音、绝热等性能都很优异。为化工厂广泛采用。

8. 橡胶管

橡胶管能耐酸碱,但不耐硝酸、有机酸和石油产品。橡胶管按结构的不同可分为纯胶小径胶管(如实验室用的胶管)、橡胶帆布挠性管和橡胶螺旋钢丝挠性管等。若按用途的不同可分为抽吸管、压力管和蒸汽管等。

橡胶管只能做临时性管路及某种管路的挠性连接,如接煤气、抽水等,但不得作永久性的管路。橡胶管在很多方面被塑料管(如聚氯乙烯软管)所代替。

9. 衬里管

凡是具有耐腐蚀材料衬里的管子统称为衬里管。工厂里一般常在碳钢管内衬有铅、铝和不锈钢等,还可衬些非金属材料,如搪瓷、玻璃、塑料和橡胶等。衬里管可用于输送各种不同的腐蚀性介质,从而节省不锈钢材料。所以衬里管逐渐获得广泛应用。

任务二　认识管件的种类及应用

任务目标:了解不同类型管件的名称、特点及用途;了解管子连接的各种不同方式及特点。

活动一 认识管件

在本活动中,要求通过查阅相关资料和网络资源,了解什么叫管件?管件有哪些类型?各类管件起什么作用?并完成如下的问题及表 4-5。

什么叫管件?

表 4-5 管件的类型及作用

序 号	名 称	作 用
1		
2		
3		
4		
5		
6		
7		

参考材料

管 件

管件是管路的重要零件,它起着连接管子、变更方向、接出支路、缩小和扩大管路管径,以及封闭管路等作用,有时,同一管件能起到几种作用。目前,工厂常用的管件有下列 5 种。

1. 水、煤气钢管的管件

水、煤气钢管的管件通常采用锻铸铁(白口铁经可锻化热处理)制造而成,要求较高时,可用钢制的管件。这类管件有内螺纹管与外螺纹管接头、活管接、异径管、内外螺纹管接头、等径与异径三通管、等径与异径四通、外方堵头、等径与异径弯头、管帽、锁紧螺母等。其用途见表 4-6。

表 4-6 水、煤气钢管的管件种类及用途

种 类	用 途	种 类	用 途
内螺纹管接头	俗称"内牙管、管箍、束节、管接头、死接头"等。用以连接两段公称直径相同的管子	等径三通	俗称"T形管"。用于接出支管,改变管路的方向和连接三段公称直径相同的管子
外螺纹管接头	俗称"外牙管、外螺纹短接、外丝扣、外接头、双头丝对管"等。用于连接两个公称直径相同的具有内螺纹的管件	异径三通	俗称"中小天"。可以由管中接出支管,改变管路方向和连接三段公称直径不同的管子
活管接头	俗称"活接头、由壬"等。用以连接两段公称直径相同的管子	等径四通	俗称"十字管"。可以连接四段公称直径相同的管子

续表

种 类	用 途	种 类	用 途
异径管	俗称"大小头"。可以连接两段公称直径不同的管子	异径四通	俗称"大小十字管"。用以连接四段具有两种公称直径的管子
内外螺纹管接头	俗称"内外牙管、补心"等。用以连接一个公称直径较大的内螺纹的管件和一段公称直径较小的管子	外方堵头	俗称"管塞、丝堵、堵头"等。用以封闭管路
等径弯头	俗称"弯头、肘管"等。用以改变管路方向和连接两段公称相同的管子,它可分 40°和 90°两种	管帽	俗称"闷头"。用以封闭管子
异径弯头	俗称"大小弯头"。用以改变管路方向和连接两段公称直径不同的管子	锁紧螺母	俗称"背帽、根母"。它与内牙管连用,是可以看得到的可拆接头

2. 铸铁管的管件

铸铁管的管件已标准化。普通灰铸铁管的管件有弯头（90°、60°、45°、30°及 10°）、三通、四通和异径管等,如图 4-1 所示。管件常采用承插和法兰联接,以及混合连接。

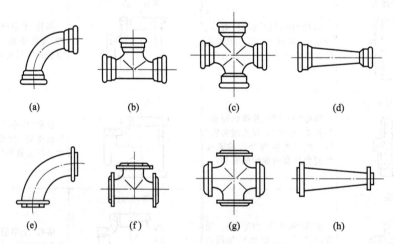

图 4-1 普通铸铁管件
(a) 二承 90°弯头；(b) 三承三通；(c) 四承四通；(d) 二承异径管；
(e) 二盘 90°弯头；(f) 三盘三通；(g) 四盘四通；(h) 二盘异径管

高硅铸铁和抗氯硅铁管的管件有弯头、三通、四通、异径管、管帽、中继管和嵌环等。如图 4-2 所示。管件上铸有凸肩，用于对开式松套法兰联接。

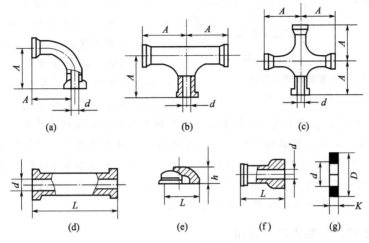

图 4-2 高硅铁管件

(a) 90°弯头；(b) 三通；(c) 四通；(d) 异径管；
(e) 管帽；(f) 中继管；(g) 嵌环

3. 塑料管的管件

硬聚氯乙烯塑料管的管件可用短段的管子弯曲焊制而成。弯曲时应将所需弯制的管加热至 423K。若管径在 65mm 以下，而弯曲半径又不小于管径四倍，则在弯曲时管内不需灌沙。用于 0.2～0.3MPa 下输送热液（353～363K）的硬聚氯乙烯管件，必须进行装铠加强，以减小硬聚氯乙烯管所受的张力。用钢管装铠的硬聚氯乙烯 90°弯头和斜三通，如图 4-3 所示。

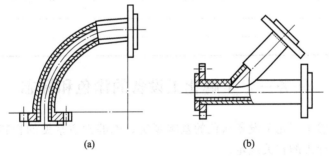

图 4-3 装铠的硬聚氯乙烯管件

(a) 90°弯头；(b) 斜三通

酚醛塑料管的管件已标准化，图 4-4 为石棉酚醛塑料管管件，图 4-5 为夹布酚醛塑料管的管件。

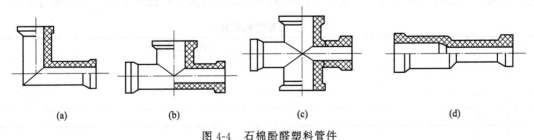

图 4-4 石棉酚醛塑料管件

(a) 90°弯头；(b) 三通；(c) 四通；(d) 异径管

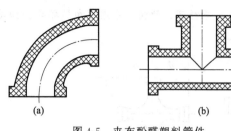

图 4-5 夹布酚醛塑料管件
(a) 90°弯头; (b) 三通

4. 耐酸陶瓷管件

这类管件已标准化,常采用的有90°和45°弯头、三通、四通和异径管等,其形状与铸铁管的管件相似,它们用法兰联接和承插联接。

5. 电焊钢管、无缝钢管的管件

这类管件尚未标准化,它们多半采用管子和钢板进行弯曲焊接而成。对于 D_g125mm 以下的钢管,在工作压力小于 0.6MPa(表压),而又不需拆卸时,大都不用独立的管件,而用短管弯曲后直接焊在管路上,倘若压力较高或需经常拆卸清理时,则应制成独立的管件,再用法兰联接在管路上。常见钢管弯制的管件有90°弯头(肘管)、鸭颈管(S形弯管)、四折管(U形弯管)、和弓形管(Ω形弯管)。

为了管路安装施工方便,钢管的管件已逐步标准化,并由专门厂家生产。高温高压下工作的钢质管路,多采用锻制管件,一般不在现场制作。

活动二 了解管件在生产中应用

在本活动中,要求到生产现场调查,看一看化工管路中使用的管件有哪些?想一想或问一问工人师傅,这些管件在管路中起什么作用?填写表4-7。

表 4-7 现场中管件的名称及作用

序 号	名 称	作 用
1		
2		
3		
4		
5		
6		
7		

任务三 了解化工设备的涂色和标志

任务目标:能够了解化工设备涂色的基本规定;能够知道常见的物料管路涂什么颜色;能够了解化工设备标志的相关规定。

活动一 了解管道颜色和管道液体的对应关系

在本活动中,要求到化工生产现场调查,化工生产中所用的管路外表涂的有哪些种颜色?咨询一下现场的师傅这些颜色的管路中流动的是什么液体?记录下来,并完成表4-8。

表 4-8 管路颜色调查表

序号	颜 色	管路中的流体
1		
2		
3		
4		
5		
6		

活动二　了解化工设备的表面色

在本活动中，要求到化工生产现场调查，常见的化工设备的表面是什么颜色，并完成表 4-9。

表 4-9　设备颜色调查表

序　号	设 备 名 称	颜　色
1		
2		
3		
4		
5		
6		

活动三　了解化工设备的标志

设备的标志是指在设备外表面局部范围涂刷明显的标志符，包括字样、代号、位号、色环、箭头。标志可在表面色的基础上再刷色，也可直接在本色或出厂色上刷色。

在本活动中，要求到化工生产现场调查，化工设备的标志由哪些部分构成？编号是按什么原则编制的？字母代表什么含义？并完成如下的问题及填表 4-10。

化工设备的标志由哪些部分构成？

表 4-10　设备的名称与代号调查表

序　号	设备类别	分类代号
1	塔	
2	换热器	
3	反应器/罐	
4	容器（罐、槽）	
5	火炬、烟囱	

参考材料

化工设备的涂色和标志

一、基本原则

为了加强生产管理，方便操作及检修，促进安全生产、美化厂容。石油化工企业的设备和管道的外表面都应涂刷表面色和标志。为使表面色协调，本部分将介绍包括设备、管道及附属钢结构的表面色和标志。

设备和管道的表面色应根据其重要程度、不同介质，涂刷不同的表面色和标志。

表面系指不隔热的设备、管道、钢结构的外表面及隔热设备、管道、钢结构的外保护层的外表面。表面色是整个外表面涂刷的颜色。

标志是指在外表面局部范围涂刷明显的标志符，包括字样、代号、位号、色环、箭头。标志可在表面色的基础上再刷色，也可直接在本色或出厂色上刷色。

装置内的建筑物如控制室、配电间、车间办公室、泵房、厂房等，在表面色的设计时，应考虑和设备、管道表面色相协调。钢筋混凝土构筑物一般不刷色。

有隔热层的设备、管道及钢结构均应刷表面色。凡表面层采用搪瓷、陶瓷、塑料、橡胶、有色金属、不锈钢、镀锌薄钢板（管）、合金铝板、石棉水泥等材料的设备和管道，可保持制造厂出厂色或材料原色不再涂色，只刷标志。对涂刷变色漆的设备和管道的表面，严禁再涂色，仅刷标志。

机场和飞行航道附近，根据国防部、交通部 61 军字 18 号"关于飞机场附近高大建筑物设置飞行障碍标志的规定"，超出航空警戒线高度 60m 的塔、烟囱、火炬等高耸设备及钢结构，必须根据当地航空指挥部门的要求，设置飞行障碍标志。

二、管道及设备的表面色及标志

（一）选用设备和管道基本识别色原则

① 表面色要求美观、雅静、色彩协调，色差不宜过大。

② 采用比较容易记忆的颜色，例如人们常用"碧波荡漾"来形容江河水，用"蔚蓝天空"来形容天空。故水最好用绿色，空气和氧气用天蓝色。

③ 尽可能采用人们习惯的颜色，例如人们习惯用黑色表示废物，故污水应涂黑色。

④ 对危险设备、管道和消防、安全设备，应采用容易引起人们注意的红色。

⑤ 颜色要统一，装置内同一介质的管道应刷同一种颜色，以便于操作管理。

（二）设备、管道表面色和标志的选择

对新建的石油化工厂设备、管道的表面色应按中国石油化工总公司标准《石油化工企业设备和管道表面色和标志规定》（SHJ 43—91）选用。对扩建、改建和现有企业可结合具体情况逐步实现。

1. 设备的表面色和标志

(1) 石油化工设备及机械的表面色和标志色按表 4-11 选择。

表 4-11 石油化工设备、机械表面色和标志色

序 号	设备、机械类别	表 面 色	标 志 色
1	储罐	银	大红
2	重质物料储罐	中灰	大红
3	塔	银	大红
4	容器	银	大红
5	冷换设备	银	大红
6	反应器	银	大红
7	工业炉	银	大红
8	锅炉	银	大红
9	泵	银	大红
10	电机	苹果绿	大红
11	压缩机	淡绿	大红
12	高温压缩机	银	大红
13	大型压缩机	出厂色	大红
14	风机	天酞蓝	大红
15	离心机	淡绿	大红
16	鹤管	橘黄	大红
17	钢烟囱	银	大红
18	火炬	银	大红
19	联轴器防护罩	淡黄	—
20	消防设备	大红	白
21	起重、运输设备	出厂色	大红

(2) 电气设备的表面色和标志色按表 4-12 选择。

表 4-12　电气设备表面色和标志色

序号	名　称	表　面　色	标志色	备　注
1	开关柜	海灰或苹果绿	大红	内表面象牙色
2	配电盘	海灰或苹果绿	大红	内表面象牙色
3	变压器	海灰	—	
4	照明动力箱	海灰或苹果绿	大红	
5	桥架	淡灰	—	铝合金桥架用本色

(3) 仪表设备的表面色和标志色按表 4-13 选择。

表 4-13　仪表设备表面色和标志色

序号	名　称	表　面　色	标志色	备　注
1	操作台	海灰或苹果绿	—	内表面象牙色
2	仪表盘	海灰或苹果绿	大红	内表面象牙色
3	现场仪表箱	苹果绿	大红	
4	盘装仪表	海灰	—	
5	就地仪表	海灰	—	
6	电缆桥架	淡灰	—	铝合金桥架用本色

(4) 设备上的标志。

① 设备上的标志以位号表示，位号应与工艺流程图的编号一致。

② 标志应刷在设备主视方向一侧的醒目部位或基础上。如图 4-6 所示并朝向道路、操作通道或检修侧。

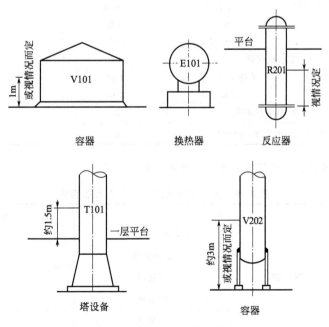

图 4-6　设备位号标志及位置

③ 标志字体应为印刷体，尺寸适宜，排列整齐。

④ 选用红色作为危险标志在设备涂刷警告色环，如图 4-7 所示。

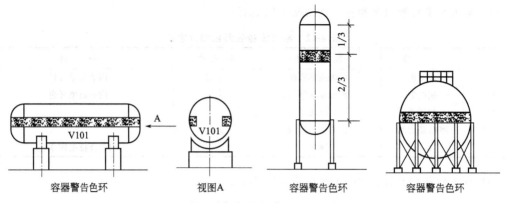

图 4-7 危险标志及位置

2. 管道的表面色和标志

(1) 地上管道的表面色和标志色按表 4-14 选择。

表 4-14 地上管道的表面色和标志色

序 号	名 称	表 面 色	标 志 色	
			色环	字样和箭头
1	物料管道	一般物料	银	中酞蓝	大红
2		氯气	银		中酞蓝
3		氢气	中酞蓝		大红
4		酸、碱	管道紫		大红
5	公用工程管道	水	艳绿		白
6		污水	黑		白
7		蒸汽	银		大红
8		空气及氧气	天酞蓝		大红
9		氮气	浅黄		大红
10		氨气、液氨	中黄		大红
11	紧急放空管		大红		白
12	消防管道	消防蒸汽、消防水	大红	中黄	白
13		消防泡沫	大红		中黄
14	电气、仪表保护管		黑		
15	仪表气动信号管、导压管		银		

(2) 管道上的阀门、小型设备的表面色按表 4-15 选择。

表 4-15 管道上的阀门、小型设备表面色

序 号	名 称		表 面 色
1	阀门阀体	灰铸铁、可锻铸铁	黑
2		球墨铸铁	银
3		碳素钢	中灰
4		耐酸钢	海灰
5		合金钢	中酞蓝
6	阀门手轮、手柄	钢阀门	海蓝
7		铸铁阀门	大红
8	小型设备		银或出厂色

续表

序号	名称		表面色
9	调节阀	铸铁阀体	黑
10		铸钢阀体	中灰
11		锻钢阀体	银
12		膜头	大红
13	安全阀		大红

(3) 管道上的标志。

管道上的标志包括色环、字样和箭头。字样一般表示出介质名称和管道代号，管道代号应与工艺管道和仪表流程图中编号一致。

目前有的生产装置特别是引进装置有用挂色牌的办法。色牌有悬挂式和固定式两种，悬挂式的多为圆形（也有用方形），固定式的则为长方形或椭圆形。由于色牌在使用中容易丢失，故不推荐使用。

① 对要求刷色环的管道，应在阀门、管道上分支、设备进出口处1m范围内，管道穿越墙壁或障碍物前后，管道跨越装置边界处涂色环。管道色环宽度为100mm。

② 装置内水平管道色环的间距宜为20m，装置外水平管道色环的间距宜为30m。当多根管道排列在一起时，其色环的设置应考虑整齐、美观。

③ 管道上的阀门、分支、设备进出口处和管道跨越装置边界处要求涂字样和箭头。字样和箭头要求整齐、大小适当。

④ 标志样式举例如图4-8所示。

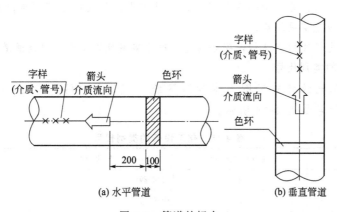

图4-8 管道的标志

(4) 对同一个生产装置或单元，同时使用两种或两种以上不同压力等级的流体，为了区别不同压力等级，避免高压的流体窜入低压系统中造成事故，一般可考虑刷一个、二个或三个色环来表示流体压力。色环一般选用紫红色，色环的尺寸与压力等级按表4-16确定。

表4-16 色环尺寸与压力等级

管内液体压力/MPa	色环样式及尺寸
0.6～3.9	（色环图示，宽度100）

管内液体压力/MPa	色环样式及尺寸
3.9~16	(两道色环，间距100 100 100)
>16	(四道色环，间距100 100 100 100 100)

3. 钢构筑物的表面色

(1) 与设备相连的框架、平台、梯子的表面色应按表4-17选择。当有两种表面色可选择时，同一装置或单元内的表面色要一致。

表4-17 框架、平台、梯子表面色

序号	名称	表面色	序号	名称	表面色
1	梁、柱、管架	苹果绿或蓝灰	5	栏杆挡板	苹果绿或蓝灰
2	铺板、踏板（上表面）	苹果绿或蓝灰	6	吊柱	苹果绿或蓝灰
	铺板、踏板（下表面）	象牙色	7	管道支、吊架	苹果绿或蓝灰
3	支撑	苹果绿或蓝灰	8	放空管塔架、火炬架	银
4	栏杆、扶手、护栏、立柱	淡黄	9	避雷针架、投光灯架	银

(2) 其他钢结构表面色应与设备、管道的表面色相协调。

(3) 管道支、吊架表面色应与钢结构表面色有所区别。当钢结构（包括梁柱、管架、铺板、踏板、支撑、栏杆、挡板等）选择苹果绿色时，管道支、吊架应选蓝灰色；当钢结构选蓝灰色时，管道支、吊架应选苹果绿色。

(4) 对设有安全通道的钢结构，安全通道一般涂艳绿色以示为"绿色通道"。

三、化工设备的类别代号

按照《化工工艺设计施工图内容和深度统一规定》（HG 20519.35—92）的规定，化工设备的类别代号如表4-18所示。

表4-18 化工设备的类别代号

设备类别	设备分类代号	设备类别	设备类别代号
塔	T	过滤器	F
泵	P	干燥器	D
压缩机、风机	C	计量设备	W
换热器	E	锅炉	B
反应器/罐	R	火炬、烟囱	S
容器（罐、槽）	V	其他机械	M
起重运输设备	L	其他设备	X

项目五 认识化工阀门

项目说明

本项目主要学习了解阀门的分类、基本参数、型号编制规定等基本知识；学习了解常见的旋塞阀、球阀、蝶阀、截止阀、闸阀、隔膜阀、安全阀、节流阀、止回阀、疏水阀等阀门的特点、结构及使用场合；学习了解化工阀门的标志规定，要求初步具有阀门类别的识别能力。

主要任务

■ 了解阀门的基础知识；
■ 了解阀门在化工生产中的应用；
■ 了解阀门的标志与识别的基本知识。

任务一 了解阀门的基础知识

任务目标：能够了解化工阀门的类别、基本参数、型号编制规定等基本知识；能够说明阀门的型号标志中各项的含义。

活动一 认识阀门的作用

在生活中会遇到许多阀门，如天天用的水龙头、煤气管道上的阀门、煤气灶上的阀门、暖气管道及暖气片上的阀门、电热水器上的冷热水龙头等。想一想，它们起什么作用？

在化工生产中，会用到许多种类不同的阀门，到生产现场去调查并咨询一下，化工生产用的阀门有哪些种类，主要起什么作用？并完成表 5-1。

表 5-1 化工生产用阀门调查表

序　号	阀　门　种　类	使　用　场　合	作　用
1			
2			
3			
4			
5			
6			
7			

参考材料

阀门的定义及作用

阀门是用来开启、关闭和控制设备和管路中介质流动的机械装置。在生产过程中或开停车时，操作人员必须按工艺条件，对管路中的流体进行适当调节，以控制其压力和流量，并使流体进入管路或切断流体流动或改变流动方向,在遇到超压状态时,还可以用它排泄压力,确保生产的安全。

阀门的分类

阀门的用途广泛,种类繁多,分类方法也比较多,总的来说可分为如下几大类。

1. 按阀门的用途和作用分类

可分为:切断阀类(接通和截断管路内的介质,如球阀、闸阀、截止阀、蝶阀和隔膜阀);调节阀类(用来调节介质的流量、压力等参数,如调节阀、截止阀、节流阀和减压阀等);止回阀类(防止管路中介质倒流,如止回阀和底阀);分流阀类(用来分配、分离或混合管路中的介质,如分配阀、疏水阀等);安全阀类(当压力设备内压力超标时,起泄压作用)。

2. 按驱动形式分类

可分为:手动阀;动力驱动阀(如电动阀、气动阀);自动类(此类不需外力驱动,而利用介质本身的能量来使阀门动作,如止回阀、安全阀、自力式减压阀和疏水阀等)。

3. 按公称压力分类

可分为:真空阀门($p_N < 0.1$MPa);低压阀门($p_N \leqslant 1.6$MPa);中压阀门($p_N = 2.5 \sim 6.4$MPa);高压阀门($p_N = 10 \sim 80$MPa);超高压阀门($p_N \geqslant 100$MPa)。

4. 按温度等级分类

可分为:超低温阀门(工作温度低于-80℃);低温阀门(工作温度介于-40~-80℃);常温阀门(工作温度高于-40℃,而低于或等于120℃);中温阀门(工作温度高于120℃,而低于450℃);高温阀门(工作温度高于450℃)。

5. 按连接方式分类

可分为:法兰式连接、螺纹式连接(内螺纹式、外螺纹式)、对夹式连接、卡套式连接、夹箍式连接、焊接(对接焊连接、承插焊连接)。

常用的阀门为:旋塞阀(考克)、球阀、蝶阀、截止阀、闸阀、节流阀、止回阀、安全阀、疏水阀等。

活动二　认识阀门的基本参数

在本活动中,要求通过查阅相关的书籍和网络资源,了解阀门有哪些主要参数?其含义是什么?并完成表5-2。

表5-2　阀门的主要参数表

序　号	参　　数	含　　义
1		
2		
3		
4		

参考材料

阀门的基本参数

阀门的基本参数主要有公称压力、公称通径、工作温度和介质的性能。

1. 公称压力

阀门的公称压力是指阀门在基准温度下的最大工作压力,以符号p_N表示,单位为MPa。通常使用的阀门的公称压力数值见表5-3。

表 5-3　阀门的公称压力系列表

公称压力/MPa	0.1	0.25	0.4	0.59	1.0	1.6	2.5	3.9	6.3
	10.0	15.7	19.6	24.5	31.4	39.2	49.0	62.7	78.4

2. 公称通径

阀门进出口通道的直径尺寸称为公称通径，以符号 D_n 表示，单位为 mm。一般情况下，公称通径的数值等于阀门的实际进出口通径，但也有一些阀门，由于结构特点而使实际进出口通径不等于公称通径，在选用时应选规定系列中的近似值。常用阀门公称通径见表5-4。

表 5-4　阀门的公称通径系列表

公称通径/mm	3	6	10	15	20	25	32	40
	50	65	80	100	125	150	175	200
	225	250	300	350	400	450	500	600

3. 工作温度

由于制作所用的材料不同，耐温强度也有差异。为了保证安全生产，保证管路中所用阀门不致在规定的工艺条件下发生变形或破裂，必须规定各种材质阀门的使用温度。如灰铸铁阀门的最高使用温度为573K；碳钢阀门的最高使用温度为723K；不锈钢阀门的最高使用温度为873K。

4. 适用介质

在化工生产过程中，通过阀门的介质一般都具有一定的腐蚀性。为了保证生产安全和阀门的使用寿命，所用阀门必须对所接触介质有足够的化学稳定性，因此，选用阀门时必须考虑其材质的耐腐蚀性能，是否适用于所接触的介质。

活动三　了解阀门的型号编制规则

在本活动中，要求通过查阅相关的书籍和网络资源，了解通用阀门型号编制的规则，并完成如下的问题。

阀门的型号：Z942W-1、Q21F-40P、G6K41J-6、D741X-2.5Z 中各符号分别代表什么含义？

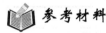

阀门型号的编制方法

阀门型号的编制方法可见图5-1。

1. 阀门类型代号

阀门类型代号是用阀门名称的第一个汉字的拼音字首表示，如"闸阀"的代号，则用"闸"字的汉语拼音字首"Z"表示。其他阀门代号按表5-5规定。

2. 阀门传动方式代号

阀门传动方式代号用阿拉伯数字表示，按表5-6规定。

3. 连接形式代号

连接形式代号用阿拉伯数字表示，按表5-7规定。

4. 结构形式代号

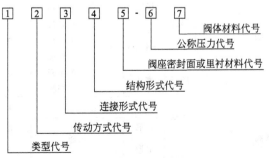

图 5-1　阀门型号的编制方法

结构形式代号用阿拉伯数字表示,按表5-8规定。

5. 阀座密封面或衬里材料代号

阀座密封面或衬里材料的代号用汉语拼音字母表示,按表5-9规定。

6. 公称压力代号

对通用阀门,公称压力以MPa为单位时,公称压力的代号为公称压力数值的10倍。

7. 阀体材料代号

阀体材料代号用汉语拼音字母表示,按表5-10规定。

表5-5 阀门类型代号

阀门类型	代号	阀门类型	代号	阀门类型	代号
闸阀	Z	蝶阀	D	安全阀	A
截止阀	J	隔膜阀	G	减压阀	Y
节流阀	L	旋塞阀	X	疏水阀	S
球阀	Q	止逆阀	H	柱塞阀	U

表5-6 阀门传动方式代号

传动方式	代号	传动方式	代号	传动方式	代号
电磁动	0	正齿轮	4	气-液动	8
电磁-液动	1	伞齿轮	5	电动	9
电-液动	2	气动	6		
蜗轮	3	液动	7		

表5-7 阀门连接形式代号

连接形式	代号	连接形式	代号	连接形式	代号
内螺纹	1	焊接	6	卡套	9
外螺纹	2	对夹	7		
法兰	4	卡箍	8		

表5-8 各类阀门结构形式代号

类型	结构形式			代号	类型	结构形式			代号
截止阀与节流阀		直通式		1	旋塞阀	填料	直通式		3
		角式		4			T形三通式		4
		直流式		5			四通式		5
	平衡	直流式		6		油封	直通式		7
		角式		7			T形三通式		3
闸阀	明杆	楔式	弹性闸阀	0	安全阀	封闭	带散热片	全启式	0
			单闸板	1				微启式	1
			双闸板	2				全启式	2
		平行式 刚性	单闸板	3			带扳手	全启式 双联弹簧	3
			双闸板	4		弹簧		微启式	7
	暗杆	楔式	单闸板	5				全启式	8
			双闸板	6		不封闭			
球阀	浮动	直通式		1			带控制机构	微启式	5
		L形	三通	4				全启式	6
	固定	T形		5			脉冲式		9
		直通式		7					

续表

类型	结构形式	代号	类型	结构形式	代号
蝶阀	杠杆式	0	减压阀	薄膜式	1
	垂直板式	1		弹簧薄膜式	2
	斜板式	3		活塞式	3
隔膜阀	屋脊式	1		波纹管式	4
	截止式	3		杠杆式	5
	闸板式	7			
止回阀与底阀	升降 直通式	1	疏水阀	浮球式	1
	立式	2		钟帽浮子式	5
	旋启 单瓣	4		双金属片式	7
	双瓣	5		脉冲式	8
	多瓣	6		热动力式	9

表 5-9 阀座密封面或衬里材料代号

密封面或衬里材料	代号	密封面或衬里材料	代号	密封面或衬里材料	代号
铜合金	T	氟塑料	F	衬胶	J
橡胶	X	合金钢	H	衬铅	Q
尼龙橡胶	N	渗氮钢	D	搪瓷	C
锡基轴承合金	B	硬质合金	Y	渗硼钢	P

表 5-10 阀体材料代号

阀体材料	代号	阀体材料	代号	阀体材料	代号
灰铸铁	Z	铸铜	T	1Cr18Ni9Ti 钢	P
可锻铸铁	K	碳钢	C	Cr18Ni12MoTi 钢	R
球墨铸铁	Q	Cr5Mo 钢	I	12Cr1MoV 钢	V

任务二 了解阀门在化工生产中的应用

任务目标：能够了解旋塞阀、球阀、蝶阀、截止阀、闸阀、隔膜阀、安全阀、节流阀、止回阀、疏水阀等阀门的特点、结构及使用场合。

活动一 认识旋塞阀

在本活动中，要求到化工生产现场去进行调查，在生产的什么场合使用了旋塞阀？不同的场合所起的作用是什么？通过查阅相关的书籍和网络资源，了解旋塞阀的结构是怎样的？有什么特点？完成如下的问题及表 5-11。

1. 简单描述旋塞阀的结构。
2. 旋塞阀有什么特点？

表 5-11 旋塞阀使用场合及作用表

序号	使用场合	作用
1		
2		
3		
4		

参考材料

旋 塞 阀

旋塞阀是关闭件呈柱塞形的旋转阀,通过旋转90°使阀塞上的通道口与阀体上的通道口相通或分开,实现开启或关闭的一种阀门。旋塞阀的外观如图5-2所示,阀塞的形状可成圆柱形,如图5-3所示,或成圆锥形,如图5-4所示。

图 5-2　旋塞阀的外观图

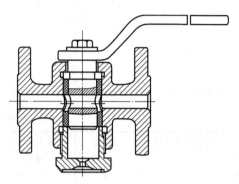

图 5-3　圆柱形旋塞阀

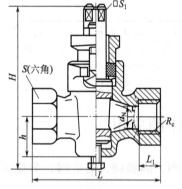

图 5-4　圆锥形旋塞阀

在圆柱形阀塞中,通道一般成矩形,而在锥形阀塞中,通道成梯形。这些形状使旋塞阀的结构变得轻巧,但同时也产生了一定的压力损失。

旋塞阀最适于作为切断和接通介质以及分流使用,但是依据使用的性质和密封面的耐冲蚀性,有时也可用于节流。由于旋塞阀密封面之间运动带有擦拭作用,而在全开时可完全防止与流动介质的接触,故它通常也能够用于带悬浮颗粒的介质。

旋塞阀的另一个重要特性是它易于适应多通道结构,以致一个阀可以获得两个、三个、甚至四个不同的流道。这样可以简化管道系统的设计,减少阀门用量以及设备中需要的一些连接配件。

旋塞阀广泛地应用于油田开采、输送和精炼设备中,同时也广泛用于石油化工、化工、煤气、天然气、液化石油气、暖通行业以及一般工业中。

活动二　认识球阀

在本活动中,要求到化工生产现场去进行调查,在生产的什么场合使用了球阀?不同的场合所起的作用是什么?通过查阅相关的书籍和网络资源,了解球阀的结构是怎样的?有什么特点?完成如下的问题及表5-12。

表 5-12　球阀使用场合及作用表

序　号	使 用 场 合	作　　用
1		
2		
3		
4		

1. 简单描述球阀的结构。
2. 球阀有什么特点？

参考材料

球 阀

球阀是由旋塞阀演变而来，它的启闭件是一个球体，利用球体绕阀杆的轴线旋转90°实现开启和关闭的目的，其结构原理图如图5-5所示。球阀在管道上主要用于切断、分配和改变介质流动方向，设计成V形开口的球阀还具有良好的流量调节功能。

球阀不仅结构简单，密封性好，而且在一定的公称通径范围内体积较小，重量轻，材料耗用少，安装尺寸小，并且驱动力矩小，操作简便，易实现快速启闭，是近十几年来发展最快的阀门品种之一。特别是在工业发达国家，球阀的使用非常广泛，使用品种和数量仍在继续扩大，并向高温、高压、大口径、高密封性、长寿命、优良的调节性能以及一阀多功能方向发展，其可靠性及其他性能指标均达到较高水平，并已部分取代闸阀、截止阀、节流阀。

球阀的优点有以下几点。
① 具有最低的流体阻力（实际为0）；
② 在工作时不会卡住（在无润滑剂时），能可靠地应用于腐蚀性介质和低沸点液体中；

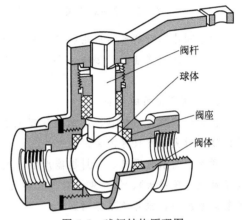

图5-5 球阀结构原理图

③ 在较大的压力（从真空到42MPa）和温度范围（−204～815℃）内，能实现完全密封；
④ 可实现快速启闭，（某些仅为0.05～0.1s），操作无冲击；
⑤ 结构紧凑、重量轻、关闭件能承受关闭时的高压差。

球阀最主要的阀座密封圈材料是聚四氟乙烯（PTFE），它对几乎所有的化学物质都是惰性的，且具有摩擦系数小、性能稳定、不易老化、温度适用范围广和密封性能优良的综合性特点。为了满足高温、高压、强冲蚀、长寿命等工业应用的使用要求，近十几年来，金属密封球阀得到了很大的发展。尤其在工业发达国家，对球阀的结构不断改进，出现全焊接阀体直埋式球阀、升降杆式球阀，使球阀在长输管线、炼油装置等工业领域的应用越来越广泛。出现了大口径（3050mm）、高压力（70MPa）、宽温度范围（−196～815℃）的球阀，从而使球阀的技术达到一个全新的水平。

图5-6 球阀的分类

1. 球阀分类

根据结构形式，球阀可分成以下类型，见图5-6。

2. 球阀的结构及特点

（1）浮动球球阀　该球阀的球体是浮动的，在介质压力作用下，球体能产生一定的位移并紧压在出口端的密封面上，保证出口端密封。如图5-7所示。

浮动式球阀的结构简单，密封性好，但球体承受工作介质的载荷全部传给了出口密封圈，因此要考虑密封圈材料能否经受得住球体介质的工作载荷。这种结构，广泛用于中低压球阀。

（2）固定球球阀　该球阀的球体是固定的，受压后不产生移动。固定式球阀都带有浮动阀座，受介质压力后，阀座产生移动，使密封圈紧压在球体上，以保证密封。通常由于球体的上、下轴上装有轴承，操作扭矩小，适用于高压和大口径的阀门，如图5-8所示。

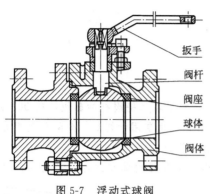
图 5-7 浮动式球阀

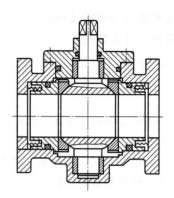
图 5-8 固定式球阀

为了减小球阀的操作扭矩和增加密封的可靠程度,近年来又出现了油封球阀,即在密封面间压注特制的润滑油,以形成一层油膜,既增强了密封性,又减少了操作扭矩,更适用高压大口径的球阀。

3. 球阀所适用的场合

由于球阀通常用橡胶、尼龙和聚四氟乙烯作为阀座密封圈材料,因此在使用时要考虑其承受温度、耐火、防火等因素。

通常,在双位调节、密封性能严格、泥浆、磨损、缩口通道、启闭动作迅速(1/4 转启闭)、高压截止(压差大)、低噪声、有气穴和气化现象、向大气少量渗漏、操作力矩小、流体阻力小的管路系统中,推荐使用球阀。

球阀也适用于轻型结构、低压截止(压差小)、腐蚀性介质的管路系统中。

在低温(深冷)装置和管路系统中也可选用球阀。

在冶金行业的氧气管路系统中,需使用经过严格脱脂处理的球阀。

在输油管线和输气管线中的主管线需埋设在地下时,需使用全通径焊接式球阀。

在要求具有调节性能时,需选用带 V 形开口的专用结构的球阀。

在石油化工、电力、城市建设中,工作温度在 200℃ 以上的管路系统可选用金属对金属密封的球阀。

活动三 认识蝶阀

在本活动中,要求到化工生产现场去进行调查,在生产的什么场合使用了蝶阀?不同的场合所起的作用是什么?通过查阅相关的书籍和网络资源,了解蝶阀的结构是怎样的?有什么特点?完成如下的问题及表 5-13。

1. 简单描述蝶阀的结构。
2. 蝶阀有什么特点?

表 5-13 蝶阀使用场合及作用表

序 号	使 用 场 合	作 用
1		
2		
3		
4		

参考材料

蝶 阀

蝶阀启闭件是一个圆盘形的蝶板,其在阀体内绕其自身的轴线旋转,从而达到启闭或调节的作用。蝶阀全开到全关蝶板旋转通常是小于90°,能较精确调节流量。在安装时,阀瓣要停在关闭的位置上。

1. 蝶阀的分类

(1) 按结构形式分类 可分为以下几种,见图5-9。

蝶阀 —— 板式 / 斜板式 / 偏置板式 / 杠杆式

图5-9 蝶阀的分类

(2) 按密封面材质分类 可分为:软密封蝶阀(密封副由非金属软质材料对非金属软质材料构成或由金属硬质材料对非金属软质材料构成)、金属硬密封蝶阀(密封副由金属硬质材料对金属硬质材料构成)。

(3) 按密封形式分类 可分为以下几种。

① 强制密封蝶阀

a. 弹性密封蝶阀 密封比压由阀门关闭时阀板挤压阀座的弹性产生。

b. 外加转矩密封蝶阀 密封比压由外加于阀门轴上的转矩产生。

② 充压密封蝶阀 密封比压由阀座或阀板上的弹性密封元件充压产生。

③ 自动密封蝶阀 密封比压由介质压力自动产生。

(4) 按连接方式分类 可分为:对夹式蝶阀、法兰式蝶阀、支耳式蝶阀、焊接式蝶阀。

2. 蝶阀的特点

① 结构简单、紧凑,外形尺寸小。适用于大口径的阀门。

② 流体阻力较小,全开时,阀座通道有效流通面积较大,因而流体阻力较小。

③ 启闭方便迅速,调节性能好。蝶板旋转90°即可完成启闭。通过改变蝶板的旋转角度可以分级控制流量。

④ 启闭力矩较小,转轴两侧蝶板受介质作用力基本相等,而产生的转矩方向相反,因而启闭较省力。

⑤ 低压密封性能好,密封面材料一般采用橡胶、塑料,故密封性能好。受密封圈材料的限制,蝶阀的使用压力和工作温度范围较小。

3. 蝶阀的结构

蝶阀主要由阀体、阀杆、蝶板、密封圈和传动装置所组成。

(1) 阀体 阀体呈圆筒状,上下部位各有一个圆柱形凸台,用以安装阀杆。蝶阀与管道多采用法兰连接;如采用对夹连接,其结构长度最小。

(2) 阀杆 是蝶板的转轴,轴端采用填料函密封结构,可防止介质外漏。阀杆上端与传动装置直接相接,以传递力矩。

(3) 蝶板 是蝶阀的启闭件。根据蝶板在阀体中的安装方式,蝶阀可以分成如下几种形式。

① 中心对称板式 见图5-10(a),阀杆固定在蝶板的径向中心孔上,阀杆与蝶板均垂直安装,它的流体阻力小,但密封面容易擦伤,易泄漏,一般适用于流量调节。

② 斜置板式 见图5-10(b),阀杆垂直安置,蝶板倾斜安置。它密封性好,但阀体密封面的倾角加工和维修较困难。

③ 偏置板式 见图5-10(c),阀杆与蝶板均垂直安置,但蝶板与阀座密封圈及阀杆中心线偏心。它的密封性好,加工维修方便,并可以采用金属阀座,适用于高温和低温场合。但流体阻力较大。国内广泛采用这种形式的蝶阀。

④ 杠杆式　见图 5-10(d)，阀杆水平安置，偏离阀座和通道中心线，采用杠杆机构带动蝶板启闭。它的密封性好，密封面不易擦伤，密封面加工和维修方便，但结构较复杂。

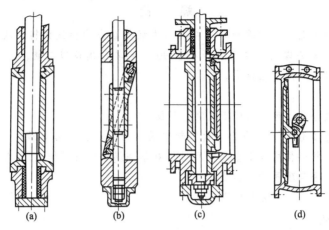

图 5-10　蝶阀的结构
(a) 中心对称板式；(b) 斜置板式；(c) 偏置板式；(d) 杠杆式

活动四　认识截止阀

在本活动中，要求到化工生产现场去进行调查一下，在生产的什么场合使用了截止阀？不同的场合所起的作用是什么？通过查阅相关的书籍和网络资源，了解截止阀的结构是怎样的？有什么特点？完成如下的问题及表 5-14。

1. 简单描述截止阀的结构。
2. 截止阀有什么特点？

表 5-14　截止阀使用场合及作用表

序　号	使　用　场　合	作　用
1		
2		
3		
4		

 参考材料

截　止　阀

截止阀是指关闭件（阀瓣）沿阀座中心线移动的阀门。该类阀门的阀杆开启或关闭行程相对较短，具有非常可靠的切断功能，又由于阀座通口的变化与阀瓣的行程成正比例关系，非常适合于对流量的调节。因此，这类阀门常作为切断或调节以及节流使用。

截止阀的阀瓣一旦从关闭位置移开，它的阀座和阀瓣密封面之间就不再有接触，因而它的密封面机械磨损很小，故其密封性能是很好的。缺点是密封面间可能会夹住流动介质中的颗粒。但是，如果把阀瓣做成钢球或瓷球，这个问题就迎刃而解了。大部分截止阀在修理或更换密封元件时无需把整个阀门从管线上拆卸下来，这在阀门和管线焊成一体的场合是非常适用的。

由于介质通过此类阀门时的流动方向发生了变化，因此截止阀的流阻较高。又由于截止阀阀瓣开与关之间行程小，密封面又能承受多次启闭，因此它很适用于需要频繁开关的场合。

截止阀的使用极为普遍，但由于开启和关闭力矩较大，通常公称通径都限制在250mm以下，也有到400mm的，但选用时需特别注意进出口方向。一般150mm以下的截止阀介质大都从阀瓣的下方流入，而200mm以上的截止阀介质大都从阀瓣的上方流入，这是考虑到阀门的关闭力矩所致。为了减小开启或关闭力矩，一般200mm以上的截止阀都设内旁通或外旁通阀门。

截止阀最明显的优点表现在以下几点。

① 在开启和关闭过程中，由于阀瓣与阀体密封面间的摩擦力比闸阀小，因而耐磨。

② 开启高度一般仅为阀座通道直径的1/4，比闸阀小得多。

③ 通常在阀体和阀瓣上只有一个密封面，因而制造工艺性比较好，便于维修。

但是，截止阀流阻系数比较大，压力损失大，特别是在液压装置中压力损失尤为明显。

1. 截止阀的分类

(1) 按结构形式分类　可分为以下几种类型，见图5-11。

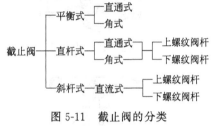

图 5-11　截止阀的分类

(2) 按密封面材质分类

① 非金属密封材料截止阀　非金属密封材料截止阀又可分为：软密封截止阀（密封面材料用聚四氟乙烯、橡胶、尼龙、对位聚苯、柔性石墨等软质材料的截止阀）、硬密封截止阀（密封面材料用氧化铝、氧化锆等陶瓷材料的截止阀）。

② 金属密封材料截止阀　密封副由金属材料构成的截止阀。

(3) 按密封形式分类

① 平面密封　阀体密封面与阀瓣密封面均由平面构成。这种密封面便于机械加工，制造工艺简单。

② 锥面密封　阀体密封面与阀瓣密封面均制成圆锥形。这种密封副密封省力、亦可靠，介质中的杂物不易落在密封面上。

③ 球面密封　阀体密封面制成很小的圆锥面，而阀瓣是可以灵活转动的、硬度较高的球体。这种密封副适用于高温、高压场合。密封省力，且密封可靠、寿命长。这种密封形式只适用于较小口径的阀门。

2. 截止阀的结构

截止阀主要由阀体、阀盖、阀杆、阀杆螺母、阀瓣、阀座、填料函、密封填料、填料压盖及传动装置等组成。

(1) 阀体与阀盖　截止阀阀体、阀盖可以铸造，也可以锻造。铸造阀体、阀盖用于大通径的阀门，一般用于$d_N \geq 50mm$。锻造阀体、阀盖一般都用于$d_N \leq 32mm$的高温、高压阀门。阀体与阀盖一般采用螺纹或法兰连接。在高压截止阀中，阀体与阀盖连接，多采用无中法兰压力自紧式密封结构，密封圈采用成型填料，借介质压力压紧楔形密封圈来达到密封，介质压力越高，密封性能越好，见图5-12。

截止阀阀体的流道可分为直通式、直角式和直流式。

① 直通式截止阀　直通式阀体进出口通道之间有隔板，见图5-13，故流体阻力很大。

② 角式截止阀　角式阀体的进出口通道的中心线成直角，介质流动方向也将变成90°角。适用于压力高，通径小的截止阀，见图5-14。

③ 直流式截止阀　直流式阀体用于斜杆式截止阀，其阀杆轴线与阀体通道出口端轴线成一定锐角，通常为45°～60°角，其介质基本上成直线流动，故称为直流式截止阀，它的阻力损失比前两者均小，见图5-15。

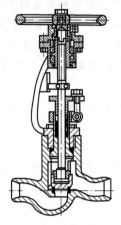

图 5-12 截止阀

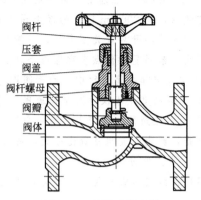

图 5-13 直通式截止阀

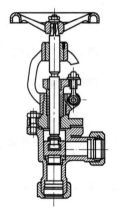

图 5-14 直角式截止阀

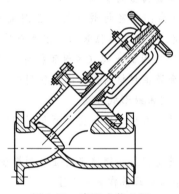

图 5-15 直流式截止阀

(2) 阀杆　截止阀阀杆一般都作旋转升降运动，手轮固定在阀杆上端部，也有的通过传动装置（手轮、齿轮传动、电动等）带动阀杆螺母旋转，使阀杆带动阀瓣作升降运动达到启闭目的，见图 5-12。

根据阀杆上螺纹的位置，分为上螺纹阀杆和下螺纹阀杆。

① 上螺纹阀杆　螺纹位于阀杆上半部。它不与介质接触，因而不受介质腐蚀，也便于润滑。适用于较大直径、高温、高压或腐蚀性介质的截止阀。

② 下螺纹阀杆　螺纹位于阀杆下半部。螺纹处于阀体内腔，与介质接触，易受介质腐蚀，无法润滑。适用于小口径、较低温度和非腐蚀性介质的截止阀。

(3) 阀瓣　它是截止阀的启闭件，是截止阀的关键零件。阀瓣上有密封面与阀座一起形成密封副，接通或截断介质。通常阀瓣成圆盘状，有平面和锥面等密封形式。

活动五　认识闸阀

在本活动中，要求到化工生产现场去进行调查，在生产的什么场合使用了闸阀？不同的场合所起的作用是什么？通过查阅相关的书籍和网络资源，了解闸阀的结构是怎样的？有什么特点？完成如下的问题及表 5-15。

1. 简单描述闸阀的结构。
2. 闸阀有什么特点？

表 5-15　闸阀使用场合及作用表

序　号	使用场合	作　用
1		
2		
3		
4		

参考材料

闸　阀

用闸板作启闭件并沿阀座轴线垂直方向移动，以实现启闭动作的阀门。其结构图如图 5-16 所示。

闸阀的主要优点是流道通畅，流体阻力小，启闭扭矩小；主要缺点是密封面易擦伤，启闭时间较长，体形和重量较大。

闸阀在管道上的应用很广泛，适于制成大口径阀门。闸阀通常用于截断流体，不宜用于调节流量。因为当闸阀处于半开位置时，闸板会受流体冲蚀和冲击而使密封面破坏，还会产生振动和噪声。

1. 闸阀的分类

① 按闸板的结构不同可分为楔式闸阀和平行闸阀两类。

② 按阀杆结构和运动方式分可分为明杆闸阀和暗杆闸阀。

2. 楔式闸阀的结构及特点

(1) 楔式闸阀　密封面与垂直中心线成某种角度，即两个密封面成楔形的闸阀如图 5-16 所示。

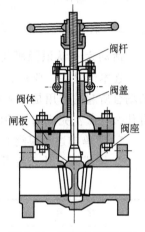

图 5-16　单闸板明杆闸阀

密封面的倾斜角度一般有 2°52′、3°30′、5°、8°、10°等，角度的大小主要取决于介质温度的高低。一般工作温度愈高，所取角度应愈大，以减小温度变化时发生闸板楔住的可能性。

在楔式闸阀中，又有单闸板、双闸板和弹性闸板之分。

单闸板楔式闸阀的结构见图 5-16 所示，结构简单，使用可靠，但对密封面角度的精度要求较高，加工和维修较困难，温度变化时楔住的可能性很大。

双闸板结构如图 5-17(a) 所示，主要用在水和蒸汽介质管路中。它的优点是：对密封面角度的精度要求较低，温度变化不易引起楔住的现象，密封面磨损时，可以加垫片补偿。但这种结构零件较多，在黏性介质中易黏结，影响密封。更主要是上、下挡板长期使用易产生锈蚀，闸板容易脱落。

弹性闸板结构见图 5-17(b) 所示，它的结构特点是在闸板的周边上有一道环形槽，使闸板具有适当的弹性。它具有单闸板楔式闸阀结构简单，使用可靠的优点，又能产生微量的弹性变形弥补密封面角度加工过程中产生的偏差，改善工艺性，现

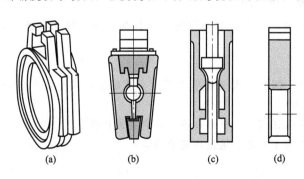

图 5-17　闸板型式

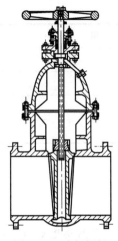

图 5-18 暗杆闸阀

已被大量采用。

(2) 平行闸阀　平板闸阀密封面与垂直中心线平行，即两个密封面互相平行的闸阀。

平行式闸阀通常采用双闸板结构，如图 5-17(c) 所示。

特殊用途的闸阀，如长距离输油、输气的管道上用的大口径闸阀因清扫阀门和管道的需要而采用单闸板结构，如图 5-17(d) 所示。

(3) 明杆闸阀　它的结构如图 5-16 所示，其特点是阀杆带动闸板一起升降，阀杆上的传动螺纹暴露于阀体外部。因此，可根据阀杆露出长短直观地判断阀门的启闭位置（阀杆露出多，开度大），而且传动螺纹便于润滑和不受流体腐蚀，但它要求有较大的安装空间。

(4) 暗杆闸阀　它的结构如图 5-18 所示，传动螺纹位于阀体内部，在启闭过程中，阀杆只旋转而不移动（闸板在阀体内上下移动）。因此，阀门开启时阀的高度尺寸小，仅需要较小的安装空间。暗杆闸阀通常在阀盖上方装设开关位置指示器，它适用于船舶、管沟等空间较小和粉尘含量大的环境。

活动六　认识隔膜阀

在本活动中，要求到化工生产现场去进行调查，在生产的什么场合使用了隔膜阀？不同的场合所起的作用是什么？通过查阅相关的书籍和网络资源，了解隔膜阀的结构是怎样的？有什么特点？完成如下的问题及表 5-16。

1. 简单描述隔膜阀的结构。
2. 隔膜阀有什么特点？

表 5-16　隔膜阀使用场合及作用表

序　号	使　用　场　合	作　用
1		
2		
3		
4		

 参考材料

隔　膜　阀

启闭件（隔膜）由阀杆带动，沿阀杆轴线作升降运动，并将动作机构与介质隔开的阀门，叫做隔膜阀。

1. 隔膜阀的特点

① 因采用隔膜，使位于隔膜上方的阀盖、阀杆、阀瓣等零件不受介质腐蚀，亦不会产生介质外漏，不用填料机构，结构简单，维修方便。

② 隔膜用橡胶、塑料、搪瓷制成，容易保证密封，但寿命不长，需经常更换。

③ 受隔膜材料的限制，使用范围小，仅用于低压、温度不高的场合。

2. 隔膜阀的分类

根据结构形式，隔膜阀分为屋脊式、截止式、闸板式。

目前国内生产较多的是屋脊式隔膜阀。

3. 隔膜阀的结构

隔膜阀主要由阀体、阀盖、阀杆、隔膜、阀瓣、衬里及传动装置等组成。图 5-19 是常用的屋脊式衬胶隔膜阀。

(1) 阀体　阀体结构常用屋脊式，还能见到的有截止式（见图 5-20）和闸板式（见图 5-21）等。阀体有整体铸造和锻焊等结构，还可用各种耐腐蚀材料或用铸铁衬以搪瓷、橡胶、塑料等制成。

(2) 隔膜　起阀瓣密封圈和垫片的作用，用螺栓固定在阀体和阀盖之间。隔膜是由天然橡胶、氯丁橡胶、氟化橡胶或聚全氟乙丙烯塑料等制成。隔膜的材料决定了隔膜阀的使用温度。

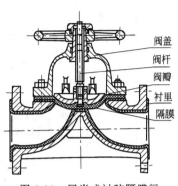

图 5-19　屋脊式衬胶隔膜阀

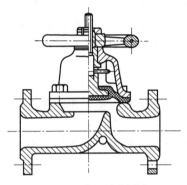

图 5-20　截止式隔膜阀

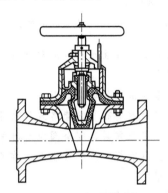

图 5-21　闸板式隔膜阀

活动七　认识安全阀

在本活动中，要求到化工生产现场去进行调查，在生产的什么场合使用了安全阀？不同的场合所起的作用是什么？通过查阅相关的书籍和网络资源，了解安全阀的结构是怎样的？有什么特点？完成如下的问题及表 5-17。

1. 简单描述安全阀的结构。
2. 安全阀有什么特点？

表 5-17　安全阀使用场合及作用表

序　号	使 用 场 合	作　用
1		
2		
3		
4		

参考材料

安　全　阀

当管道或机器设备内介质压力超过规定值时启闭件（阀瓣）自动开启排放，低于规定值时自动关闭，对管道或机器设备起保护作用的阀门叫做安全阀。

1. 安全阀的用途

安全阀能防止管道、容器等承压设备介质压力超过允许值,以确保设备及人身安全。

2. 安全阀的种类

安全阀种类很多,根据结构形式,可分成以下类型,见图 5-22。

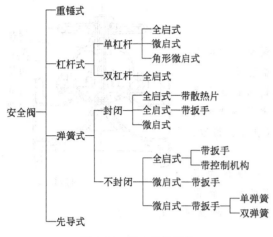

图 5-22 安全阀的种类

3. 安全阀的工作原理

安全阀通过阀瓣上方弹簧的压紧力或带杠杆的重锤加载于阀瓣上的压力,与介质作用在阀瓣上的正常压力的平衡来工作,当介质的压力超过额定值时,弹簧被压缩或重锤被顶起,阀瓣失去平衡,离开阀座,介质被排放出;当介质压力降到低于额定值时,弹簧的压紧力或重锤通过杠杆加载于阀瓣上的压力大于作用在阀瓣上的介质力,阀瓣回座,密封面重新密合。

对安全阀的动作要求如下。

(1) 灵敏度要高　当管路或设备中的介质压力达到开启压力时,安全阀应能及时开启;当介质压力恢复正常时,安全阀应及时关闭。

(2) 应具有规定的排放能力　在额定排放压力下,安全阀应达到规定的开启高度,同时达到额定排量。

4. 安全阀的结构

(1) 杠杆重锤式安全阀　重锤通过杠杆加载于阀瓣上,载荷不随开启高度而变化,但对振动较敏感,且回座性能较差。它由阀体、阀盖、阀杆、导向叉(限制杠杆上下运动)、杠杆与重锤(起调节对阀瓣压力的作用)、菱形支座与力座(起提高动作灵敏的作用)、顶尖座(起定阀杆位置的作用)、节流环(与反冲盘一样的作用)、支头螺钉与固定螺钉(起固定重锤位置的作用)等零件组成。通常用于较低压力的系统,见图 5-23。

(2) 弹簧式安全阀　通过作用在阀瓣上的弹簧力来控制阀瓣的启闭,见图 5-24 及图 5-25。它具有结构紧凑,体积小、重量轻,启闭动作可靠,对振动不敏感等优点;其缺点是作用在阀瓣上的载荷随开启高度而变化。对弹簧的性能要求很严,制造困难。它由以下主要零件组成。

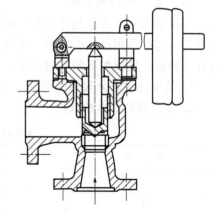

图 5-23 杠杆式安全阀

① 阀体与阀盖　阀体进口通道与排放口通道呈 90°角,与角式截止阀相似。弹簧安全阀有封闭式和不封闭式两种。封闭式安全阀的出口通道与排放管道相连,将容器或设备中的介质排放到预定地方。不封闭式安全阀没有排放管路,直接将介质排放到周围大气中,适用于无污染的介质。阀盖为筒状,内装阀杆、弹簧等零件,用法兰螺栓连接在阀体上。

② 阀瓣与阀座　按阀瓣的开启高度,安全阀可分成微启式和全启式两种。微启式安全阀,见图 5-25,主要用于液体介质的场合。阀瓣开启高度仅为阀座喉径的 1/40~1/20,其阀瓣与阀座结构与截止阀相似,在阀座上安置调节圈。全启式安全阀,见图 5-24,主要用于气体或蒸汽

的场合。阀瓣开启高度等于或大于阀座喉径的1/4。在阀座上安置调节圈，在阀瓣上安置反冲盘。

③ 弹簧与上下弹簧座 弹簧固定于上下弹簧座之间。弹簧的作用力通过下弹簧座和阀杆作用在阀瓣上，上弹簧座靠调节螺栓定位，拧动调节螺栓可以调节弹簧作用力，从而控制安全阀的开启压力。

④ 调节圈 它是调节启闭压差的零件。

⑤ 反冲盘 反冲盘与阀瓣连接在一起，它起着改变介质流向，增加开启高度的作用，用于全启式安全阀上。

(3) 先导式安全阀 它由主阀和副阀组成，下半部叫主阀，上半部叫副阀，借副阀的作用带动主阀动作的安全阀，见图5-26。当介质压力超过额定值时，便压缩副阀弹簧，使副阀瓣上升，副阀开启。于是介质进入活塞缸的上方。由于活塞缸的面积大于主阀瓣面积，压力推动活塞下移，驱动主阀瓣向下移动开启，介质向外排出。当介质压力降到低于额定值时，在副阀弹簧的作用下副阀瓣关闭，主阀活塞无介质压力作用，活塞在弹簧

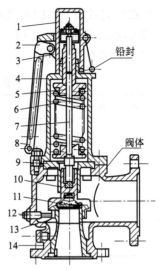

图 5-24 弹簧全启式安全阀
1—保护罩；2—扳手；3—调节螺套；4—阀盖；5—上弹簧座；6—弹簧；7—阀杆；8—下弹簧座；9—导向座；10—反冲盘；11—阀瓣；12—定位螺杆；13—调节圈；14—阀座

作用下回弹，再加上介质的压力使主阀瓣关闭。先导式安全阀主要用于大口径和高压的场合。

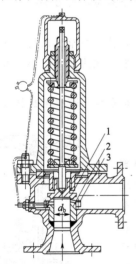

图 5-25 弹簧微启式安全阀
1—阀瓣；2—阀座；3—调节圈

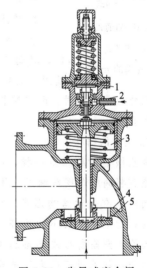

图 5-26 先导式安全阀
1—隔膜；2—副阀瓣；3—活塞缸；4—主阀座；5—主阀瓣

(4) 安全阀进出口法兰 安全阀的进口和出口分别处于高压侧和低压侧，故其连接法兰也相应采用不同的压力级别。对于一般安全阀，进出口法兰压力级应遵照一定规定。

当介质经安全阀排放时，其压力降低，体积膨胀，流速增大，因此，通常要求安全阀的出口通径大于进口通径，以保证排放通畅。

活动八 认识节流阀

在本活动中，要求到化工生产现场去进行调查，在生产的什么场合使用了节流阀？不同的场合所起的作用是什么？通过查阅相关的书籍和网络资源，了解节流阀的结构是怎样的？

有什么特点？完成如下的问题及表 5-18。

1. 简单描述节流阀的结构。
2. 节流阀有什么特点？

表 5-18 节流阀使用场合及作用表

序 号	使 用 场 合	作 用
1		
2		
3		
4		

参考材料

节 流 阀

通过阀瓣改变流动通道截面积，而实现调节流量和压力作用的阀门，叫做节流阀。

图 5-27 节流阀的分类

1. 节流阀的种类

根据结构形式，节流阀可分成以下类型，见图 5-27。

2. 节流阀的用途和特点

节流阀用于调节介质流量和压力，截止型节流阀用于小口径阀门，其调节范围较大，也较精确；旋塞型适用于中、小口径；蝶型适用于大口径。

节流阀不宜作为截断阀用。因阀瓣长期用于节流，密封面易被冲蚀，影响密封性能。我国节流阀多采用截止型。

3. 截止型节流阀的结构

节流阀与截止阀的结构基本一样，所不同的是节流阀的阀瓣可起调节作用，通常将阀杆与阀瓣制成一体。图 5-28 为直通式节流阀。

节流阀的阀瓣具有多种结构形式，窗形用于较大的通径；塞形用于较小的通径；针形用于很小的通径。它们的共同特点是阀瓣在不同高度时，阀瓣与阀座所形成环形通路面积也相应地变化，调节阀座通道的截面积，就可调节压力和流量。节流阀阀杆螺纹的螺距比截止阀阀杆螺纹的螺距小，以便进行精确的调节。

活动九 认识止回阀

在本活动中，要求到化工生产现场去进行调查，在生产的什么场合使用了止回阀？不同的场合所起的作用是什么？通过查阅相关的书籍和网络资源，了解止回阀的结构是怎样的？有什么特点？完成如下的问题及表 5-19。

1. 简单描述止回阀的结构。
2. 止回阀有什么特点？

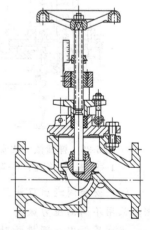

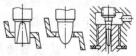

(a)窗形 (b)塞形 (c)针形

图 5-28 直通式节流阀

表 5-19　止回阀使用场合及作用表

序　号	使用场合	作　用
1		
2		
3		
4		

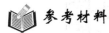
参考材料

止 回 阀

启闭件（阀瓣）借介质作用力，自动阻止介质逆流的阀门，叫止回阀。管路中，凡是不允许介质逆流的场合均需安装止回阀。

1. 止回阀的种类

止回阀的种类很多，综合分类如图 5-29 所示。

2. 止回阀的结构

（1）升降式止回阀　阀瓣沿着阀座中心线作升降运动，其阀体与截止阀阀体完全一样，可以通用，见图 5-30。在阀瓣导向筒下部或阀盖导向套筒上部加工出一个泄压孔。当阀瓣上升时，通过泄压孔排出套筒内的介质，以减小阀瓣开启时的阻力。

图 5-29　止回阀的种类

该阀门的流体阻力较大，只能装在水平管道上。如在阀瓣上部设置辅助弹簧，阀瓣在弹簧力的作用下关闭，则可安装于任何位置。高温、高压止回阀可采用压力自紧式密封结构，密封圈采用成型石棉填料或用不锈钢车成，借介质压力压紧密封圈来达到密封，介质压力越高密封性能越好，见图 5-31。

（2）旋启式止回阀　阀瓣呈圆盘状，阀瓣绕阀座通道外固定轴作旋转运动，见图 5-32。旋启式止回阀由阀体、阀盖、阀瓣和摇杆组成。阀门通道成流线型，流体阻力较小。根据阀瓣的数目，可分为单瓣、双瓣和多瓣，其原理相同，多瓣止回阀适用于公称通径 $d_N \geqslant 600\text{mm}$ 的情况。

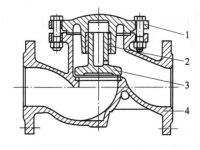

图 5-30　升降式止回阀
1—阀盖；2—衬套；3—阀瓣；4—阀体

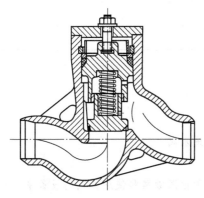

图 5-31　升降式止回阀

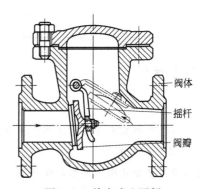

图 5-32　旋启式止回阀

(3) 蝶式止回阀 其形状与蝶阀相似,其阀座是倾斜的,蝶板(阀瓣)旋转轴水平安装,并位于阀内通道中心线偏上方,使转轴下部蝶板面积大于上部,当介质停止流动或逆流时,蝶板靠自身重量和逆流介质作用而旋转到阀座上,见图5-33。这种止回阀的结构简单,但密封性差,只能装在水平管道上。

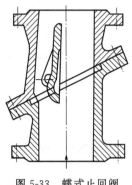

图 5-33 蝶式止回阀

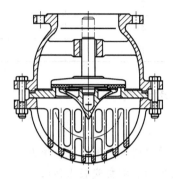

图 5-34 升降式底阀

(4) 升降式底阀 这是一种专用止回阀,它主要安装在不能自吸或没有真空泵抽气引水的水泵吸水管的尾端,见图5-34。底阀必须没入水中,其作用是防止进入吸水管中的水或启动前预先灌入水泵和吸水管中的水倒流,保证水泵正常启动。

升降式底阀主要由阀体、阀瓣和过滤网等组成。过滤网的作用是阻止水源中杂物进入吸水管,以避免水泵及有关设备受到损害。

活动十 认识疏水阀

在本活动中,要求到化工生产现场去进行调查,在生产的什么场合使用了疏水阀?不同的场合所起的作用是什么?通过查阅相关的书籍和网络资源,了解疏水阀的结构是怎样的?有什么特点?完成如下的问题及表5-20。

1. 简单描述疏水阀的结构。
2. 疏水阀有什么特点?

表 5-20 疏水阀使用场合及作用表

序 号	使 用 场 合	作 用
1		
2		
3		
4		

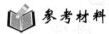 参考材料

疏 水 阀

能自动排放凝结水并能阻止蒸汽泄漏的阀门,叫做疏水阀。

1. 疏水阀的用途

疏水阀的用途是阻汽排水,提高蒸汽的热效率,用于输汽管路和使用蒸汽的设备中。

选用疏水阀时,除了要考虑公称通径、公称压力和工作温度外,还要考虑疏水阀的工作压

差和排水量。

2. 疏水阀的种类

按启闭件的驱动方式，蒸汽疏水阀可分为3类。

(1) 由凝结水液位变化驱动的机械型　机械型也称浮子型，是利用凝结水与蒸汽的密度差，通过凝结水液位变化，使浮子升降带动阀瓣开启或关闭，达到阻汽排水的目的。机械型疏水阀的过冷小，不受工作压力和温度变化的影响，有水即排，加热设备里不存水，能使加热设备达到最佳换热效率。最大背压率为80%，工作质量高，是生产工艺加热设备最理想的疏水阀。

机械型疏水阀有自由浮球式、自由半浮球式、杠杆浮球式、倒吊桶式等。

(2) 由凝结水温度变化驱动的热静力型　这类疏水阀是利用蒸汽和凝结水的温差引起感温元件的变型或膨胀带动阀芯启闭阀门。热静力型疏水阀的过冷度比较大，一般过冷度为15~40℃，它能利用凝结水中的一部分显热，使阀前始终存有高温凝结水，无蒸汽泄漏，节能效果显著。最适合用在蒸汽管道、伴热管线、小型加热设备、采暖设备、温度要求不高的小型加热设备上。

热静力型疏水阀有膜盒式、波纹管式、双金属片式。

(3) 由凝结水动态特性驱动的热动力型　这类疏水阀根据相变原理，靠蒸汽和凝结水通过时的流速和体积变化等热力学原理，使阀片上下产生不同压差，驱动阀片开关阀门。因热动力式疏水阀的工作动力来源于蒸汽，所以蒸汽浪费比较大。特点为结构简单、耐水击、最大背压率为50%，有噪声，阀片工作频繁，使用寿命短。

热动力型疏水阀有热动力式（圆盘式）、脉冲式、孔板式。

3. 常用疏水阀的结构型式和工作原理

(1) 杠杆浮球式蒸汽疏水阀的结构及工作原理　杠杆浮球式蒸汽疏水阀的结构及工作原理见表5-21。

表 5-21　杠杆浮球式蒸汽疏水阀的结构及工作原理

图　示	说　明
(排放阀瓣、排气阀座、排水阀座、浮球、排水阀瓣)	杠杆浮球式蒸汽疏水阀的结构
(空气)	最初阀内为空气

续表

图　示	说　明
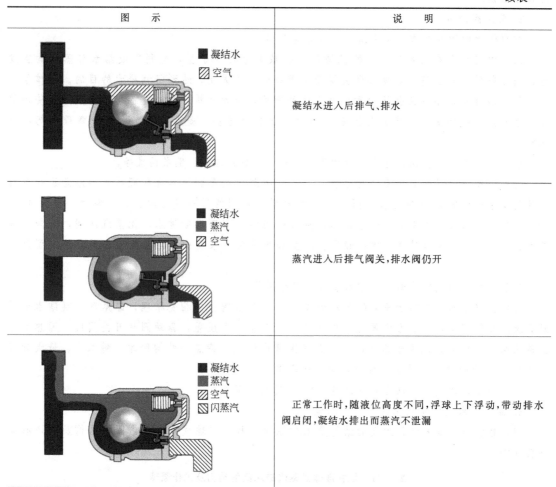	凝结水进入后排气、排水
	蒸汽进入后排气阀关，排水阀仍开
	正常工作时，随液位高度不同，浮球上下浮动，带动排水阀启闭，凝结水排出而蒸汽不泄漏

（2）倒吊桶式疏水阀的结构及工作原理　倒吊桶式疏水阀的结构及工作原理见表 5-22。

表 5-22　倒吊桶式疏水阀的结构及工作原理

图　示	说　明
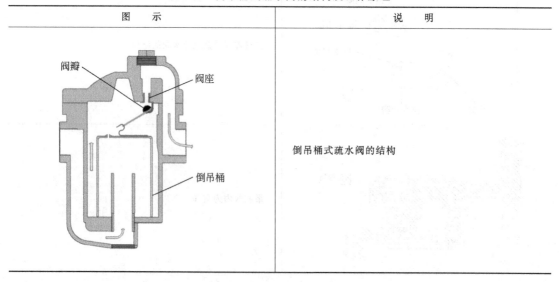	倒吊桶式疏水阀的结构

续表

图　示	说　明
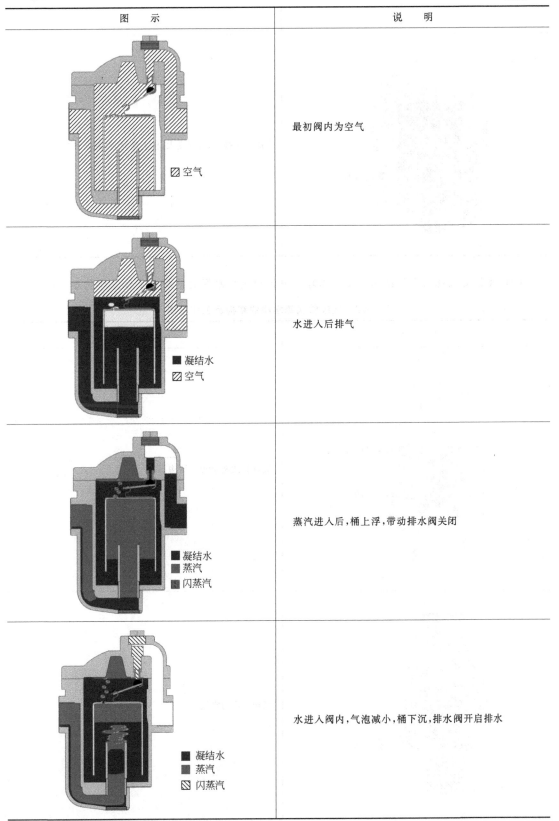 空气	最初阀内为空气
凝结水 空气	水进入后排气
凝结水 蒸汽 闪蒸汽	蒸汽进入后,桶上浮,带动排水阀关闭
凝结水 蒸汽 闪蒸汽	水进入阀内,气泡减小,桶下沉,排水阀开启排水

图　　示	说　　明
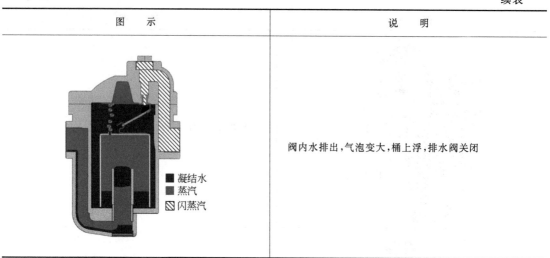 ■ 凝结水　■ 蒸汽　▨ 闪蒸汽	阀内水排出，气泡变大，桶上浮，排水阀关闭

（3）波纹管式疏水阀的结构及工作原理　　波纹管式疏水阀的结构及工作原理见表 5-23。

表 5-23　波纹管式疏水阀的结构及工作原理

图　　示	说　　明
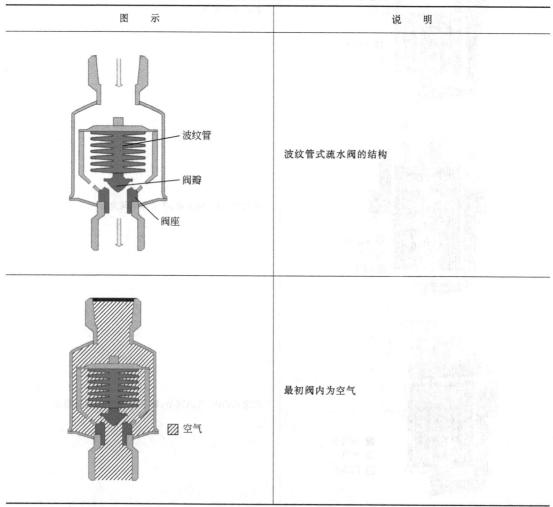	波纹管式疏水阀的结构
	最初阀内为空气

续表

图　示	说　明
空气／凝结水	凝结水进入，排气
凝结水／蒸汽	蒸汽进入
空气／凝结水／蒸汽	波纹管受热膨胀，将排水阀关闭
凝结水／蒸汽	积水，波纹管降温收缩，将排水阀打开

(4) 双金属片式疏水阀结构及工作原理　双金属片式疏水阀结构及工作原理见表 5-24。

表 5-24　双金属片式疏水阀结构及工作原理

图　示	说　明
	双金属片式疏水阀结构（阀座、阀瓣）
	最初阀内为空气
	凝结水进入后，排气
	蒸汽进入，金属片受热膨胀，将阀门关闭
	积水，金属片降温收缩，阀门开启排水

（5）圆盘式疏水阀的结构及工作原理　圆盘式疏水阀的结构及工作原理见表 5-25。

表 5-25 圆盘式疏水阀的结构及工作原理

图 示	说 明
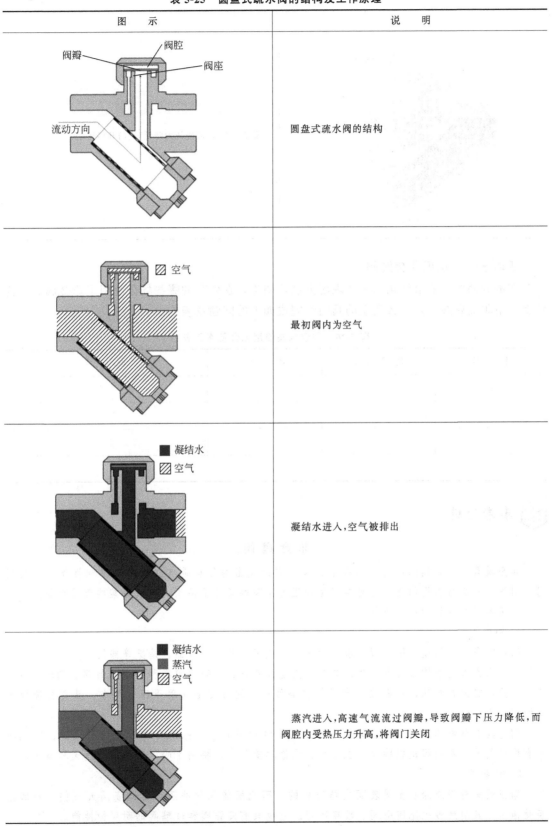	圆盘式疏水阀的结构
	最初阀内为空气
	凝结水进入,空气被排出
	蒸汽进入,高速气流流过阀瓣,导致阀瓣下压力降低,而阀腔内受热压力升高,将阀门关闭

续表

图　示	说　明
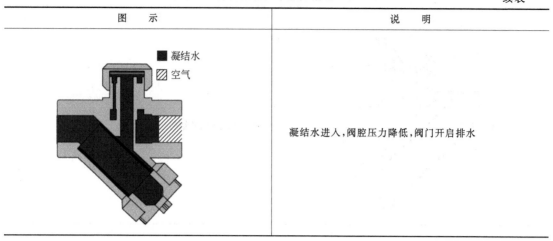	凝结水进入,阀腔压力降低,阀门开启排水

活动十一　认识非金属阀

在本活动中，要求到化工生产现场去进行调查，在生产的哪些场合使用了非金属阀？为什么使用非金属阀？是什么类型的阀门？完成如下的问题及表 5-26。

表 5-26　非金属阀使用场合及原因表

序　号	使用场合	类　型	原　因
1			
2			
3			
4			

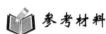参考材料

非 金 属 阀

非金属阀门与金属阀门的结构基本相似。它最突出的优点是有优异的耐腐蚀性能。但其耐温、耐压性能比金属阀门差。它可在温度和压力不高的条件下使用，可代替某些贵重金属。

现将各类非金属阀门简介如下。

1. 陶瓷阀

(1) 陶瓷阀的用途　陶瓷阀一般用于石油、化工、制药、食品、造纸等部门。

(2) 陶瓷阀的结构与特点　我国有各种陶瓷旋塞阀、陶瓷隔膜阀和陶瓷水封阀。图5-35为陶瓷水封阀，它结构特殊，是靠顶通水封起安全作用。这种安全阀用于压力很小，具有腐蚀性气体的管道中。

陶瓷具有良好的耐腐蚀性，除氢氟酸、氟硅酸和强碱外，能耐各种浓度的无机酸、有机酸和有机溶剂等。陶瓷阀比较脆硬，在安装、维修和操作中应特别小心，不能用力过大和撞击。

2. 搪瓷阀

搪瓷阀是搪瓷浸涂在金属表面烧结而成的。因此所能承受的压力比陶瓷阀大一些，外部能经受撞击，其耐用性也比陶瓷阀、玻璃阀好。它也具有陶瓷阀和玻璃阀的耐腐蚀性能。

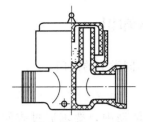
图 5-35　陶瓷水封阀

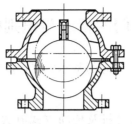
图 5-36　搪瓷止回阀

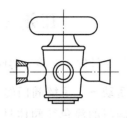
图 5-37　玻璃旋塞阀

搪瓷可制成截止阀、隔膜阀、放料阀和止回阀等。图 5-36 为搪瓷止回阀。其结构为浮球式，能耐压力 1MPa，可在 80℃ 以内使用。搪瓷阀的密封圈用塑料或橡胶制成。

3. 玻璃阀

玻璃阀与陶瓷阀的耐腐蚀性能相似。它具有光滑、耐磨、透明、价廉等一些金属阀不能比拟的优点。玻璃阀在运行中，能观察介质物料在阀内运动和反应等情况，给操作者很大的方便。但它性脆、耐温度剧变性差，仅适用于压力 0.2MPa、温度 60℃ 以下的情况。

玻璃隔膜阀有角式和直通式。玻璃旋塞阀，见图 5-37，通常用在化验和医疗部门，其密封面是经直接研磨而密封的。

4. 玻璃钢阀

玻璃钢阀是以玻璃纤维及其制品为增强材料，以合成树脂为胶黏剂，经过成型工艺制作的。它具有玻璃纤维和合成树脂的优点，故叫做玻璃纤维增强塑料。它具有轻质高强，耐温隔热、绝缘防腐等性能。

常用玻璃钢材料有：酚醛玻璃钢、呋喃玻璃钢、环氧玻璃钢等。其中呋喃玻璃钢适用性广，能耐高浓度的盐酸、硫酸、硝酸、碱类及苯等有机溶剂，能耐温 150℃，比强度高于铝合金。图 5-38 为玻璃钢球阀。

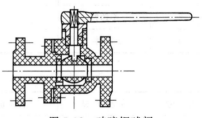
图 5-38　玻璃钢球阀

5. 塑料阀

塑料品种很多，耐腐蚀性能良好，加工成型容易，因此塑料阀门发展很快，在一般压力和温度条件下，几乎能耐所有介质的腐蚀。

塑料阀门常用的塑料有如下几种。

(1) 氟塑料　氟塑料能制成截止阀、旋塞阀、球阀、隔膜阀等。

① 聚四氟乙烯　它由聚四氟乙烯分散聚合树脂，在常温下以有机溶剂为助挤剂，经过挤压成型，再烧结而成。其耐腐蚀性能优异，可在 -180～200℃ 温度范围内使用。

② 聚三氟氯乙烯　在耐温和耐腐蚀方面稍次于聚四氟乙烯，但力学性能较好。

(2) 硬聚氯乙烯　它有很好的耐腐蚀性能，除强氧化剂、芳香族碳氢化合物、酮类、氯代碳氢化合物外，能耐大部分介质。它的加工性能好，能焊接、机械加工，也能注模成型，而且重量轻。图 5-39 为硬聚氯乙烯截止阀。

(3) 酚醛塑料　它是以热固酚醛树脂为胶接剂，以石棉、石墨等耐酸材料作填料模压成型的。它具有很好的化学耐腐能力，能耐大部分酸类，有机溶剂的腐蚀，其性能比聚氯乙烯好。比聚氯乙烯使用温度高，能在 -30～130℃ 范围内使用。它有较高的热稳定性和良好力学性能，易加工，但不能焊接。能制作截止阀和旋塞阀等。

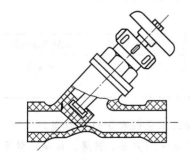
图 5-39　硬聚氯乙烯截止阀

任务三 了解阀门的标志与识别的基本知识

任务目标：能够了解阀门的涂色、标志的基本内容，能够识别不同类型的阀门。

活动一 了解阀门的涂色

阀门的涂色和阀体材料、密封面材料及传动方式有关。在本活动中，要求通过查阅相关的书籍和网络资源，了解阀门的涂色有哪些规定，并完成表 5-27、表 5-28 和表 5-29。

表 5-27 阀体材料和阀体颜色对应表

序 号	阀体材料	阀体及阀盖颜色	序 号	阀体材料	阀体及阀盖颜色
1	灰铸铁		3	碳钢	
2	球墨铸铁		4	不锈钢	

表 5-28 密封面材料和手轮、手柄或扳手颜色对应表

序 号	密封面材料	手轮、手柄或扳手颜色	序 号	密封面材料	手轮、手柄或扳手颜色
1	铜合金		4	橡胶	
2	不锈钢		5	铸铁	
3	塑料				

表 5-29 传动机构颜色与传动方式对应表

序 号	传动方式	传动机构颜色	序 号	传动方式	传动机构颜色
1	电动		3	液动	
2	气动		4	齿轮传动	

参考材料

阀门的涂色

阀门产品出厂前应按阀体材料、密封面材料及传动机构的不同，在阀门的不同部位涂上不同颜色的油漆，以便于识别。

阀体材料识别是将油漆涂在阀体和阀盖的不加工表面上，其涂漆颜色按表 5-30 的规定。

表 5-30 阀体材料识别

阀体材料	识别涂漆颜色	阀体材料	识别涂漆颜色	阀体材料	识别涂漆颜色
灰铸铁、可锻铸铁	黑色	碳素钢	中灰色	合金钢	中蓝色
球墨铸铁	银色	耐酸钢、不锈钢	天蓝色		

密封面材料识别涂漆，涂在传动手轮、手柄或扳手上，其涂漆颜色按表 5-31 的规定。

传动机构的涂色规定如下：电动装置，普通型涂中灰色；三合一（户外、防爆、防腐）型涂天蓝色；气动、液动、齿轮传动等其他传动机构同阀门产品涂色。

表 5-31 密封面材料识别

密封面材料	识别涂漆颜色	密封面材料	识别涂漆颜色
铜合金	大红色	蒙耐尔合金	深黄色
锡基轴承合金(巴氏合金)	淡黄色	塑料	紫红色
耐酸钢、不锈钢	天蓝色	橡胶	中绿色
渗氮钢、渗硼钢	天蓝色	铸铁	黑色
硬质合金	天蓝色		

注：1. 阀座和启闭件密封面材料不同时，按低硬度材料涂色。
2. 止回阀涂在阀盖顶部；安全阀、减压阀、疏水阀涂在阀罩或阀帽上。

活动二 了解阀门的标志

一般在阀门的阀体或手轮上都有标牌或其他标志信息，反映了阀门的一些基本情况。到化工生产现场去进行调查，看看不同类型的阀门上的标志都有什么内容，然后完成表 5-32。

表 5-32 阀门标牌内容调查表

序　号	阀门类型	标牌主要内容	其他标志
1			
2			
3			
4			

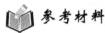

参考材料

阀门的标志

1. 通用阀门的标志

通用阀门必须使用的和可选择使用的标志项目见表 5-33。

通用阀门的具体标志规定如下。

(1) 表 5-33 中 1～4 项是必须使用的标志，对于 $d_N \geqslant 50mm$ 的阀门，应标记在阀体上；对于 $d_N \leqslant 50mm$ 的阀门，标记在阀体上还是标牌上，由产品设计者规定。

(2) 表 5-33 中 5、6 项只有当某类阀门标准中有此规定时才是必须使用的标志，它们应分别标记在阀体及法兰上。

(3) 如果各类阀门标准中没有特殊规定，则表 5-33 中 7～19 项是按需要选择使用的标志。当需要时，可标记在阀体或标牌上。

表 5-33 通用阀门的标志项目 (GB 12220—89)

项目	标　志	项目	标　志	项目	标　志
1	公称通径(d_N)	8	螺纹代号	15	衬里材料代号
2	公称压力(p_N)	9	极限压力	16	质量和试验标记
3	受压部件材料代号	10	生产厂编号	17	检验人员印记
4	制造厂名或商标	11	标准号	18	制造年、月
5	介质流向的箭头	12	熔炼炉号	19	流动特性
6	密封环(垫)代号	13	内件材料代号		
7	极限温度(C)	14	工位号		

注：阀体上的公称压力铸字标志值等于 10 倍的兆帕 (MPa) 数，设置在公称通径数值的下方时，其前不冠以代号 "p_N"。

(4) 附加标志

① 在不同位置可以附加表中任何一项标志。例如设在阀体上的任何一项标志,也可以重复设在标牌上。

② 只要附加标志不与表中标志发生混淆,可以附加其他任何标志。例如产品型号等。对于减压阀,在阀体上的标志除按表 5-33 的规定外,还应有：a. 出厂日期；b. 适用介质；c. 出口压力。

蒸汽疏水阀的标志按表 5-34 的规定,标志可设在阀体上,也可标在标牌上。

安全阀的标志按表 5-35 的规定。

表 5-34 蒸汽疏水阀的标志（GB 12249—89）

项目	必须使用的标志	项目	可选择使用的标志
1	产品型号	1	阀体材料
2	公称通径	2	最高允许压力
3	公称压力	3	最高允许温度
4	制造厂名称和商标	4	最高排水温度
5	介质流动方向的指示箭头	5	出厂编号、日期
6	最高工作压力		
7	最高工作温度		

表 5-35 安全阀的标志（GB 12241—89）

项目	阀体上的标志	项目	标牌上的标志
1	公称通径(d_N)	1	阀门设计的允许最高工作温度(℃)
2	阀体材料	2	额定压力(MPa)
3	制造厂名或商标	3	依据的标准号
4	当进口与出口连接部分的尺寸或压力级相同时,应有指明介质流动方向的箭头	4	制造厂的基准型号
		5	额定排放量系数或对于基准介质的额定排放量
		6	流道面积(m^2)
		7	开启高度(mm)
		8	超过压力百分数

2. 手轮开闭方向的标志

手轮上有指示阀门关闭方向的箭头和附加"关"字,箭头指示方向为手轮旋转关闭阀门的方向；反之为阀门开启方向。

3. 阀门启闭沟槽的标志

球阀、蝶阀阀杆和旋塞阀旋塞锥的方头端面上刻有一条沟槽,此沟槽指示方向与阀门进出口方向一致,表示阀门开启；若沟槽指示方向与阀门进出口方向垂直,表示阀门关闭。

三通阀的启闭件通道为 L 形和 T 形,其刻制的 L 形或 T 形沟槽标志与启闭件通道方向一致。通过沟槽所指方向,可判断阀门切换和开关情况。

4. 阀门开度指示的标志

节流阀、暗杆闸阀、调节阀、蝶阀等阀门上装有反映阀门启闭程度的开度指示器。开度指示器有圆盘式和标尺式等形式,装配在手轮、阀杆、支架上。当开度指示为零时,表示阀门关闭。

5. 受压部件材料代号的标志

受压部件材料代号标在阀体上,阀体材料代号的含义见表 5-8。

活动三 阀门的识别

在本活动中，要求到化工生产现场去观察所用的阀门，凭所了解的知识，能较快地分辨出阀门的类别吗？

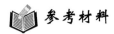参考材料

阀类的识别

通常，偏人字形的阀体为截止阀、节流阀和升降式止回阀，其中，无阀杆的是升降式止回阀；阀瓣呈锥形，有开度指示器的为节流阀；阀瓣不带锥形（针形阀除外），无阀门开度指示器的为截止阀。

阀门形状为正人字，通道内有衬里的为隔膜阀（屋脊式）；阀体正中为圆柱形，通道为直通式，启闭件为板状，阀体较高的为闸阀；阀体正中成圆锥形，阀杆短，启闭件呈圆锥形的为旋塞阀；阀体一般由两半组成，阀杆短，启闭件为球形的为球阀；阀体由两半组成，无阀杆，口径大，阀体内有两个以上的阀瓣，这是旋启式多瓣止回阀；阀门底部一般为球面漏斗形，上部为开口的是底阀（止回阀中的一种）；阀体呈偏鼓形而又无阀杆，体内阀瓣绕固定轴旋转的为旋启式止回阀；阀体呈短管状，有阀杆、关闭件为蝶形且绕固定轴旋转的为蝶阀。

通常，阀体通道呈直角，阀杆上有弹簧，并有铅封标志的是弹簧式安全阀；带有杠杆和重锤的是杠杆式安全阀；阀体形状与众不同，无阀杆，阀内结构特殊的是疏水阀。

小口径的锻造阀门，其阀体外形区别不大，可以从有无阀杆和从通道中观察启闭件加以识别。

三通或四通阀门，一般为球阀和旋塞阀，视其启闭件是球形或圆锥形加以区别。

根据阀门的外形和通道情况，可进一步识别各类阀门的结构形式。如安全阀，阀体上有两只定位螺杆，从通道中可观察到阀瓣上有反冲盘；阀座上有调节圈的是全启式，只有调节圈或无调节圈和无反冲盘的为微启式。又如闸阀，经手动开启，便可分辨此闸阀是单闸板或是双闸板，是楔式或平行式的。

项目六 认识化工检测仪表

项目说明

本项目主要学习了解化工检测仪表的相关知识。主要内容有：化工检测仪表在化工生产中的地位及作用，测量过程与测量误差，仪表的性能指标及常见仪表的分类；压力检测仪表的主要类型、结构、特点及压力计的选用与安装；流量检测仪表的主要类型、结构及特点；物位检测仪表的主要类型、结构及特点；温度检测仪表的主要类型、结构及特点。

主要任务

■ 了解检测仪表的基本知识；
■ 认识压力检测仪表；
■ 认识流量检测仪表；
■ 认识物位检测仪表；
■ 认识温度检测仪表。

任务一 了解检测仪表的基本知识

任务目标：能够了解化工检测仪表在化工生产中的地位及作用，化工测量过程与测量误差，化工仪表的性能指标，常见仪表的分类。

活动一 认识化工检测仪表在化工生产中的地位及作用

在化工生产中使用的仪表非常多，在本活动中，要求到化工生产现场去做个调查，化工生产中使用的有哪些仪表？它们所起的作用是什么？完成表 6-1。

表 6-1 化工仪表及其作用表

序号	仪表名称	作用
1		
2		
3		
4		

参考材料

化工检测仪表在化工生产中的地位及作用

化学工业不仅是国民经济中的支柱产业，也是农业、轻工、纺织、交通运输、国防等行业发展的不可缺少的基础工业之一。

在化工生产过程中，单元操作以及化学反应往往是在密闭的管道和设备中，连续地进行着物理的或化学的变化，常常伴有高温、高压、有毒、易燃易爆等特点，这就要求借助于各种仪表等自动化工具进行自动化的生产，以保障生产的安全、可靠和稳定。

在化工设备上，配置一些自动化装置，代替操作人员的部分直接劳动，管理与控制化工生产过程，实现化工生产过程自动化的主要目的如下。

① 使生产保持在最佳状况下，加快生产速度，降低生产成本，提高产品产量和质量。

② 减轻劳动强度，改善工作环境。

③ 保证生产安全，提高设备利用率，延长设备使用寿命。

④ 改变传统的劳动方式，提高劳动者的文化素质和技术素质，既适应当前信息技术革命和信息产业革命的需要，又有利于两个文明的建设。

化工仪表和自动化技术的发展，经历了一个由简单到复杂、由低级到高级的发展过程。首先是应用一些自动检测仪表来监视生产，了解生产中工艺参数的情况。进一步就是应用自动控制仪表及一些控制机构，代替部分人工操作，按工艺要求自动控制生产过程的进行。在此基础上又进一步发展，使用电子计算机实现生产过程的全部自动化。

活动二　了解测量过程与测量误差

在本活动中，要求通过查阅相关的书籍和网络资源，了解什么叫测量过程与测量误差？并完成如下的问题。

测量误差是如何表示的？

参考材料

测量过程与测量误差

1. 测量过程

在化工生产中，变量的检测方法很多，所使用的测量仪表品种亦很多，但其共性都在于被测变量都需经过一次或多次的信号能量形式的变换，最后获得测量的信号能量形式，通过指针位移或数字符号显示出来。实质就是被测变量信号能量的不断变换和传递，并将它与相应的测量单位进行比较的过程，而检测仪表就是实现这种比较的工具。例如对炉温的检测，利用热电偶的热效应，把被测温度（热能）转换成直流毫伏信号（电能），然后经过毫伏检测仪表转换成仪表指针位移，再与温度标尺相比较而显示被测温度的数位。

2. 测量误差

在测量过程中，由于测量工具的性能、测量者的主观性和周围环境的影响等，使由仪表读得的被测值与真实值之间总是存在一定的误差，这个差值就称为测量误差。

测量误差有两种表示方法，即绝对表示法（绝对误差）和相对表示法（相对误差）。

绝对误差在理论上是指仪表指示值和被测量真实值之间的差值，在工程上，真实值是无法预知的，所以用适合该特定情况的标准仪表和方法测得的数值来代表真实值，称为约定真值。测量误差一般指仪表的指示值（测量值）与标准仪表读数（约定真值）的差。可用式（6-1）表示：

$$\Delta = x - x_0 \tag{6-1}$$

式中　Δ——绝对误差；

　　　x——被校表的读数值；

x_0——标准表的读数值。

测量误差还可以用相对误差来表示。某一被测量的相对误差等于这一点的绝对误差与真实值（约定真值）之比。可用式(6-2)表示：

$$\wedge = \frac{\Delta}{x_0} = \frac{x - x_0}{x_0} \qquad (6-2)$$

式中　$\wedge$——仪表在 x_0 处的相对误差。

活动三　了解化工测量仪表的性能指标

在本活动中，要求通过查阅相关的书籍和网络资源，了解衡量化工测量仪表性能优劣的指标有哪些，并完成如下的问题。

什么是测量仪表的精确度、恒定度、灵敏度与灵敏限、反应时间？

参考材料

仪表的性能指标

常用下列几项指标来衡量一台仪表的优劣。

1. 精确度

精确度是用来表示仪表测量结果可靠程度的指标。仪表的绝对误差在测量范围内的各点上是不相同的。我们常说的"绝对误差"是指绝对误差的最大值 Δ_{max}。由于仪表的准确度不仅与绝对误差有关，而且还与仪表的标尺范围有关。故工业仪表常将绝对误差折合为仪表标尺范围的百分数表示，称为相对百分误差，由式(6-3)所示。

$$\delta = \frac{\Delta_{max}}{\text{标尺上限值} - \text{标尺下限值}} \times 100\% \qquad (6-3)$$

根据仪表的使用要求，规定一个在正常情况下允许的最大误差，这个允许的最大误差叫允许误差，由式(6-4)所示。

$$\delta_{允} = \pm \frac{\text{仪表允许的最大绝对误差值}}{\text{标尺上限值} - \text{标尺下限值}} \times 100\% \qquad (6-4)$$

仪表的 $\delta_{允}$ 越大，表示它的准确度越低。国家规定将仪表的允许相对百分误差去掉"±"号及"%"，来确定仪表的精确度等级。主要有 0.01，0.02，0.04，0.05，0.1，0.2，0.35，0.5，1.0，1.5，2.5，4.0 等。工业现场用的测量仪表，精确度大多在 0.5 级以下，一般用不同的符号形式标志在仪表面极上，如 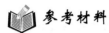 等。

2. 测量仪表的恒定度

测量仪表的恒定度常用变差（回差）来表示。它是指在恒定条件下，用同一仪表对相同值进行正反程测量时（即被测量参数逐渐由小到大和逐渐由大到小），两个指示值之间的最大差值。变差的大小，用仪表测量同一参数值，正反程指示值间的最大差距与仪表标尺范围之比的百分数表示，如式(6-5)所示。

$$\text{变差} = \frac{\text{最大绝对差值}}{\text{标尺上限值} - \text{标尺下限值}} \times 100\% \qquad (6-5)$$

仪表的变差不能超出仪表的允许误差，否则，应及时修正。

3. 仪表的灵敏度与灵敏限

仪表指针的线位移与角位移，与引起这个位移的被测参数变化量的比值称为仪表的灵敏度。

灵敏限是指仪表指针发生动作的被测参数的最小变化量。通常仪表灵敏限的数值应不大于仪表允许绝对误差的一半。在数字式仪表中,往往用仪表的分辨率表示仪表灵敏度(或灵敏限)的大小。所谓分辨率是指在仪表的最低量上最末位改变一个数所表示的被测参数变化差。数字式仪表能稳定显示的位数越多,则分辨率越高。

4. 反应时间

反应时间就是用来衡量仪表能不能尽快反映出参数变化的品质指标。反应时间大,说明仪表需要较长时间才能给出准确的指示值,那就不宜用来测量变化频繁的参数。

其他还有线性质、重复性等质量指标。

活动四 了解化工测量仪表的分类

在本活动中,要求通过查阅相关的书籍和网络资源,了解化工测量仪表是如何分类的,并完成如下的问题。

化工测量仪表的分类标准有哪些?

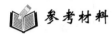 **参考材料**

常见仪表的分类

仪表的种类繁多,结构形式各异,因此分类方式也不少,常见的分类有以下几种。

① 按仪表使用的能源不同,分为气动仪表、电动仪表和液动仪表。
② 按仪表的功能不同,分为检测仪表、显示仪表、调节仪表、执行器、集中控制装置等。
③ 按表示示数方式的不同,分为指示型、记录型、讯号型、远传指示型、累积型等。
④ 按精度及使用场合的不同,分为实用仪表、范型仪表和标准仪表。
⑤ 按测量参数的不同,分为压力测量仪表、流量测量仪表、物位测量仪表、温度测量仪表、物质成分分析仪表及物性检测仪表等。

任务二 认识压力检测仪表

任务目标:认识压力检测仪表的主要类型、结构、特点及压力计的选用与安装。

活动一 了解压力检测仪表的作用及类型

在本活动中,要求通过到化工生产现场去做调查、咨询,看一看化工生产中所用的压力检测仪表有哪些种类,在生产中起的作用是什么,并完成如下的问题及表6-2。

压力检测仪表在生产中起什么作用?

表6-2 压力检测仪表调查表

序 号	压力检测仪表	所处的工段
1		
2		
3		
4		

参考材料

压力检测仪表

压力是指垂直作用在单位面积上的力。根据国际单位制规定压力的单位为帕斯卡（Pa），过去使用的压力单位比较多，为了便于在使用过程中的相互换算，现将压力单位换算关系列于表 6-3 中。

表 6-3　各种压力单位换算表

单位名称	帕斯卡/Pa 或 N/m²	标准大气压 /atm	工程大气压 /(kgf/cm²)	毫米水柱 /mmH₂O	毫米汞柱 /mmHg	磅力/英寸² /(lbf/in²)
1 帕 /(Pa, N/m²)	1	9.86924×10^{-6}	1.01972×10^{-5}	1.01972×10^{-1}	7.50064×10^{-3}	1.45044×10^{-4}
1 标准大气压 /atm	1.01325×10^{5}	1	1.03323	10332.3	760	1.4696×10
1 工程大气压 /(kgf/cm²)	9.80665×10^{4}	0.967841	1	10000	735.562	1.42239×10
1 毫米水柱 /mmH₂O	9.80665	9.67841×10^{-3}	1×10^{-4}	1	0.735562×10^{-1}	1.42239×10^{-3}
1 毫米汞柱 /mmHg	133.322	1.31579×10^{-3}	1.35951×10^{-3}	13.5951	1	1.934×10^{-2}
1 磅力/英寸² /(lbf/in²)	6.8949×10^{3}	0.6805×10^{-1}	0.70307×10^{-1}	703.07	0.51715×10^{2}	1

压力有绝对压力、表压、真空度（负压）之分，它们之间的关系为：

表压＝绝对压力－大气压力

真空度（负压）＝大气压力－绝对压力

测量压力和真空度的仪表很多，按照其转换原理的不同，大致可分为四类：①液柱式压力计；②弹性式压力计；③电气式压力计；④活塞式压力计。

活动二　了解弹性式压力计的结构及特点

在本活动中，要求通过查阅相关书籍或网上资源，了解弹性式压力计的特点、结构及适用场合，并完成如下的问题。

1. 弹簧管压力表有什么特点？
2. 简单描述弹簧管压力表的结构。

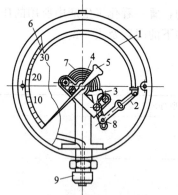

图 6-1　弹簧管压力表

1—弹簧管；2—拉杆；3—扇形齿轮；
4—中心齿轮；5—指针；6—面板；
7—游丝；8—调整螺钉；9—接头

参考材料

弹性式压力计

它是将被测压力转换成弹性元件变形的位移进行测量的。如弹簧管压力计，波纹管压力计及膜式压力计等。

图 6-1 是弹簧管压力表，它主要由弹簧管和一组传动放大机构简称机芯（包括拉杆、扇形齿轮、中心齿轮）及指示机构（包括指示面板上的分度标尺）组成。

该仪表具有结构简单、使用可靠、读数清晰、牢固可靠、价格低廉、测量范围广及有足够的精度等优点。因此在工业上是应用最广泛的一种测压仪表。

活动三　了解电气式压力计的结构及特点

在本活动中，要求通过查阅相关书籍或网上资源，了解电气式压力计的特点、结构及适用场合，并完成如下的问题。

1. 电气式压力计有什么特点？
2. 简单描述电气式压力计的结构。

参考材料

电气式压力计

它是通过机械和电气元件将被测压力转换成电量（如电压、电流、频率等）来进行测量的仪表。如电阻式、电容式、电感式、霍尔片式和应变片式等压力计。

电气式压力计一般由压力传感器测量电路和信号处理装置所组成。压力传感器的作用是把压力信号检测出来，并转换成电信号输出。

图 6-2 为应变片压力传感器示意图，它具有较好的动态性能，适用于快速变化的压力测量。

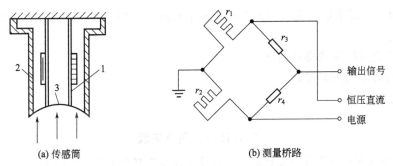

图 6-2　应变片压力传感器示意图
1—应变筒；2—外壳；3—密封膜片

图 6-3 为压阻式压力传感器，它具有精度高、工作可靠、频率响应高、迟滞小、尺寸小、重量轻、结构简单等特点，可以在恶劣的环境条件下工作，便于实现数字化显示。

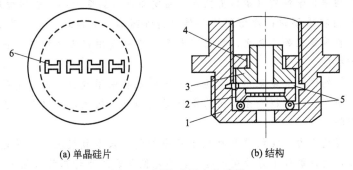

图 6-3　压阻式压力传感器
1—基座；2—单晶硅片；3—导环；4—螺母；5—密封垫圈；6—等效电阻

图 6-4 为电容式压力传感器，它的精度较高，由于它的结构能经受振动和冲击，其可靠性、稳定性高，当测量膜盒两侧通以不同压力时，便可以用来测量差压、液位等参数。

图 6-5 为霍尔片式压力传感器结构示意图。

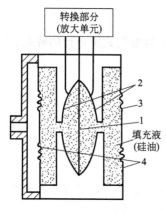
图 6-4　电容式测量膜盒
1—中心感应膜片（可动电极）；2—固定
电极；3—测量侧；4—隔离膜片

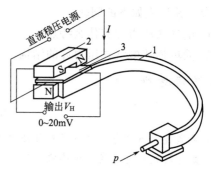
图 6-5　霍尔片式压力传感器结构示意图
1—弹簧管；2—磁钢；3—霍尔片

活动四　了解压力计的选用及安装

在本活动中，要求通过查阅相关书籍或网上资源，了解压力计的选用及安装知识，并完成如下的问题。

1. 压力计选用应注意哪些问题？
2. 简述压力计的正确安装。

参考材料

压力计的选用及安装

正确地选用及安装是保证压力计在生产过程中发挥应有作用的重要环节。

1. 压力计的选用

压力计的选用应根据工艺生产过程对压力测量的要求，结合其他各方面的情况，加以全面的考虑和具体的分析。选用压力计和选用其他仪表一样，一般应该考虑以下几个方面的问题。

(1) 仪表类型的选用　它必须满足工艺生产的要求。例如是否需要远传变送、自动记录或报警；被测介质的物理化学性质（诸如腐蚀性、温度高低、黏度大小、脏污程度、易燃易爆等）是否对测量仪表提出特殊要求；现场环境条件（诸如高温、电磁场、震动及现场安装条件等）对仪表类型是否有特殊要求等。总之，根据工艺要求正确选用仪表类型是保证仪表正常工作及安全生产的重要前提。

例如普通压力计的弹簧管多采用铜合金，高压的也有采用碳钢，而氨用压力计弹簧管的材料却都采用碳钢，不允许采用铜合金。因为氨气对铜的腐蚀极强，所以普通压力计用于氨气压力测量很快就要损坏。

氧气压力计和普通压力计在结构和材质上完全相同，只是氧气压力计禁油。因为油进入氧气系统会引起爆炸，所以氧气压力计在校验时，不能像普通压力计那样采用变压器油工作介质，并且氧用压力计在存放中要严格避免接触油污。如果必须采用现有的带油污的压力计测量氧气压力时，使用前必须用四氯化碳反复清洗，认真检查直到无油污时为止。

(2) 仪表测量范围的确定　仪表的测量范围是指被测量可按规定精度进行测量的范围，它是根据操作中需要测量的参数大小来确定的。

在测量压力时，为了延长仪表使用寿命，避免弹性元件因受力过大而损坏，压力计的上限

值应该高于工艺生产中可能的最大压力值。根据"化工自控设计技术规定",在测量稳定压力时,最大工作压力不应超过量程的 2/3;测量脉动压力时,最大工作压力不应超过量程的 1/2;测量高压压力时,最大工作压力不应超过量程的 3/5。

为了保证测量值的准确度,所测压力值不能太接近于仪表的下限值,亦即仪表的量程不能选得太大,一般被测压力的最小值应不低于仪表满量程的 1/3 为宜。

根据被测参数的最大值和最小值计算出仪表的上、下限后,还不能以此数值直接作为仪表的量程范围。因为仪表标尺的极限值不是任意取一个数字都可以的,它是由国家主管部门用规程或标准规定的。因此,我们选用仪表的标尺极限值时,也只能采用相应的规程或标准中的数值(一般可在相应的产品目录中查到)。

(3)仪表准确度等级的选取 仪表准确度是根据工艺生产上所允许的最大测量误差来确定的。一般来说,所选用的仪表越精密,则测量结果越精确、可靠。但不能认为选用的仪表准确度越高越好,因为越精密的仪表,一般价格越贵,操作和维护越费事。因此,在满足工艺要求的前提下,应尽可能选用准确度较低、价廉耐用的仪表。

2. 压力计的安装

压力计的安装正确与否,影响到测量的准确性和压力计的使用寿命。

(1)测压点的选择 所选择的取压点应能反映被测压力的真实大小。

① 要选在被测介质直线流动的管段部分,不要选在管路拐弯、分叉、死角或其他易形成旋涡的地方。

② 测量流动介质的压力时,应使取压点与流动方向垂直,取压管内端面与生产设备连接处的内壁应保持平齐,不应有凸物或毛刺。

③ 测量液体压力时,取压点应在管道下部,使导压管内不积存气体;测量气体压力时,取压点应在管道上方,使导压管内不积存液体。

(2)导压管铺设

① 导压管粗细要合适,一般内径为 6~10mm,长度应尽可能短,最长不得超过 50m,以减少压力指示的迟缓,如超过 50m,应选用能远距传送的压力计。

② 导压管水平安装时应保证有 1:10~1:20 的倾斜度,以利于积存于其中的液体(或气体)的排出。

③ 当被测介质易冷凝或冻结时,必须加保温伴热管线。

④ 取压口到压力计之间应装有切断阀,以备检修压力计时使用。切断阀应装设在靠近取压口的地方。

(3)压力计的安装

① 压力计应安装在易检查和检修的地方。

② 安装地点应力求避免震动和高温影响。

③ 测量蒸汽压力时,应加装凝液管,以防止高温蒸汽直接与测压元件接触[见图 6-6(a)];对于有腐蚀性介质的压力测量,应加装有中性介质的隔离罐,图 6-6(b)表示了被测介质密度 ρ_2 大于和小于 ρ_1 的两种情况。总之,针对被测介质的不同性质(高温、低温、腐蚀、脏污、结晶、沉淀、黏稠等),要采取相应的防热、防冻、防堵等措施。

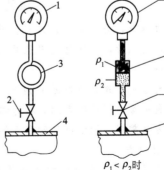

(a)测量蒸汽时   (b)测量有腐蚀性介质时

图 6-6 压力计应安装示意图

1—压力计;2—切断阀门;3—凝液管;4—取压容器

④ 压力计的连接处，应根据被测压力的高低和介质性质，选择适当的材料，作为密封垫片，以防泄漏。一般低于80℃及2MPa时，用牛皮或橡胶垫片；350～450℃及5MPa以下用石棉或铝垫片；温度及压力更高（50MPa以下）用退火紫铜或铅垫片。但测量氧气压力时，不能使用浸油垫片及有机化合物垫片；测量乙炔压力时，不能使用铜垫片，因它们均有发生爆炸的危险。

⑤ 当被测压力较小，而压力计与取压口又不在同一高度时，对由此高度差而引起的测量误差应按 $\Delta p = \pm H\rho g$ 进行修正。式中 H 为高度差，ρ 为导压管中介质的密度，g 为重力加速度。

⑥ 为安全起见，测量高压的仪表，除应选用表壳有通气孔的外，安装时表壳应向墙壁或无人通过之处，以防发生意外。

任务三 认识流量检测仪表

任务目标：认识流量检测仪表的主要类型、结构和特点。

活动一　了解流量检测仪表的作用及类型

在本活动中，要求通过到化工生产现场去做调查、咨询，看一看化工生产中所用的流量检测仪表有哪些种类，在生产中起的作用是什么，并完成如下的问题及表6-4。

流量检测仪表在生产中起什么作用？

表6-4　流量检测仪表调查表

序　号	流量检测仪表	所处的工段
1		
2		
3		
4		

参考材料

流量检测及仪表

在化工生产过程中，为了有效地进行生产操作和控制，需要测量生产过程中各种介质（液体、气体和蒸汽）的流量，以便为生产操作管理和控制提供依据。所以流量测量是化工生产中最重要的环节之一。

流体的流量大小一般是指单位时间内流过管道某一截面的流体数量的多少，流体数量用质量表示，称为质量流量；用体积表示，称为体积流量。

测量流量的方法较多，测量原理和所用的仪表结构各不相同。主要有以下几种。

1. 速度式流量仪表

这是一种以测量流体在管道内的流速作为测量依据来计算流量的仪表。如差压式流量计、转子流量计、电磁流量计、涡轮流量计、堰式流量计等。

2. 容积式流量计

这是一种以单位时间内所排出的流体的容积的数目作为测量依据来计算流量的仪表。如椭圆齿轮流量计、活塞式流量计等。

3. 质量式流量计

这是一种以测量通过截面流体的质量为依据的流量计，如惯性方式质量流量计、补偿式质量流量计等。它具有被测流量的数值不随流体的温度、黏度、压力等变化的特点，是一种发展中的流量测量仪表。

活动二　了解转子流量计的特点及结构

在本活动中，要求通过查阅相关书籍或网上资源，了解转子流量计的特点、结构及适用场合，并完成如下的问题。

1. 转子流量计有什么特点？
2. 简述转子流量计的结构。

转子流量计

转子流量计由一个截面积自下而上逐渐扩大的锥形玻璃管构成，管内装有一个由金属或其他材料制造的转子，由于流体通过转子时，能推转子旋转，故有此名，如图 6-7 所示。其最大优点在于可直接读出流量，而且能量损失小，但必须垂直安装，玻璃制品不可打压，不宜在 405~565kPa 以上的工作条件下使用。

图 6-7　转子流量计的结构

活动三　了解椭圆齿轮流量计的特点及结构

在本活动中，要求通过查阅相关书籍或网上资源，了解椭圆齿轮流量计的特点、结构及适用场合，并完成如下的问题。

1. 椭圆齿轮流量计有什么特点？
2. 简述椭圆齿轮流量计的结构。

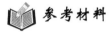

椭圆齿轮流量计

椭圆齿轮流量计的测量部分是由两个相互齿合的椭圆形齿轮 A 和 B、轴及外壳构成，如图 6-8 所示。具有安装使用方便，压力损失小，测量精度高等优点，特别适用于高黏度介质的流量测量，但介质不能含有机械物，否则会引起齿轮磨损甚至损坏。此外，其结构复杂，加工制造比较困难，价格高。

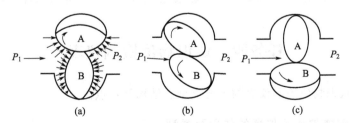

图 6-8　椭圆齿轮流量计结构原理

活动四　了解孔板流量计、文丘里流量计、涡轮流量计的特点及结构

在本活动中，要求通过查阅相关书籍或网上资源，了解孔板流量计、文丘里流量计、涡

轮流量计的特点、结构及适用场合，并完成如下的问题。

1. 孔板流量计、文丘里流量计、涡轮流量计各有什么特点？
2. 简述孔板流量计、涡轮流量计的结构。

参考材料

孔板流量计、文丘里流量计、涡轮流量计

孔板流量计是将带有孔的金属薄板用法兰连接在被测管路上，孔板后连接一个 U 形管压差计（如图 6-9 所示）。它具有结构简单，更换方便，价格低廉的优点。但阻力损失大，不宜在流量变化很大的场合使用。

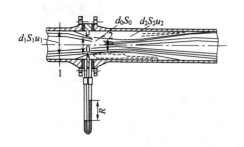

图 6-9 孔板流量计

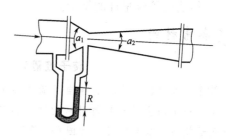

图 6-10 文丘里流量计

用渐缩、扩管（文丘里管）代替孔板，便构成文丘里流量计（见图 6-10）。与孔板流量计相比，它的能量损失小，但结构精密，造价高。

涡轮流量计主要由涡轮、导流器、磁电感应转换器、外壳及前置放大器集中构成，如图 6-11 所示。它具有安装方便、测量精度高、可耐高压，反应快，可测脉动流量等优点。但涡轮容易磨损，若被测介质中含有机械杂质，会影响测量精度和损坏构件。

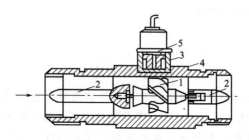

图 6-11 涡轮流量计

1—涡轮；2—导流器；3—电感应转换器；4—外壳；5—前置放大器

任务四　认识物位检测仪表

任务目标：认识物位检测仪表的主要类型、结构及特点。

活动一　了解物位检测仪表的作用及类型

在本活动中，要求到化工生产现场去做调查、咨询，看一看化工生产中所用的物位检测仪表有哪些种类，在生产中起的作用是什么，并完成如下的问题及表 6-5。

物位检测仪表在生产中起什么作用？

表 6-5　物位检测仪表调查表

序　号	物位检测仪表	所处的工段
1		
2		
3		
4		

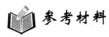参考材料

物位检测仪表

在容器中的液体介质的高度叫液位。容器中固体或颗粒状物质的堆积高度叫料位。测量液位的仪表叫液位计，测量料位的仪表叫料位计，而测量两种密度不同液体介质的界面的仪表叫界面计，以上三种仪表称为物位仪表。

通过物位的检测，可以准确获知容器内原料、半成品或产品的数量，以保证连续供料或进行经济核算；可以了解其是否在规定的范围内，以监视或控制容器的物位，使之保持在工艺要求的一定高度，或对它的上下极限位置进行报警，以使生产正常进行并保证操作安全。

按操作原理的不同，物位仪表可分为下列的几种类型：①直读式物位仪表；②电磁式物位仪表；③差压式物位仪表；④浮力式物位仪表；⑤核辐射式物位仪表；⑥声波式物位仪表；⑦光学式物位仪表。

活动二　了解直读式液位仪表的特点及结构

在本活动中，要求通过查阅相关书籍或网上资源，了解直读式液位仪表的特点、结构及适用场合，并完成如下的问题。

1. 直读式液位仪表有什么特点？
2. 简述直读式液位仪表的结构。

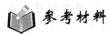参考材料

直读式液位仪表

这类仪表中主要有玻璃管液位计、玻璃板液位计等。最原始的液位计是于容器底部器壁及液面上方器壁处各开一小孔，两孔间用玻璃管相连，玻璃管内所示液面、高度即为容器内的液面高度。这种构造简单，但易于破损，而且不便于远处观察。如图 6-12 所示。

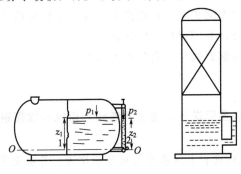

图 6-12　液面计

活动三 了解电磁式液位计的特点及结构

在本活动中，要求通过查阅相关书籍或网上资源，了解电磁式液位计的特点、结构及适用场合，并完成如下的问题。

1. 电磁式液位计有什么特点？
2. 简述电磁式液位计的结构。

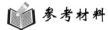

电磁式液位计

使液位的变化转化为一些电量的变化，通过测量这些电量的变化来测知物位。它可以分为电阻式（即电极式）物位仪表、电容式物位仪表和电感式物位仪表等。还有利用压磁效应工作的物位仪表。

对非导电介质液位测量的电容式液位计和电容式料位检测计分别如图6-13、图6-14所示。

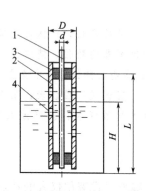 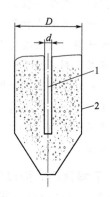

图 6-13　非导电介质液位测量计
1—内电极；2—外电极；3—绝缘套；4—流通小孔

图 6-14　粒位检测计
1—金属棒内电极；2—容器壁

电容式物位计的传感部分结构简单、使用方便。但由于电容变化量不大，要精确测量，就需要借助于较复杂的电子线路才能实现。此外，还要注意介质浓度、温度变化时，其介电系数也要发生变化，要及时调整仪表，才能达到预想的测量目的。

电容式液位计在结构上稍加改变后，可以用来测量导电介质的液位。图6-14所示的容器可用来测量块状、颗粒体及粉料的料位。

活动四 了解称重式液罐计量仪、核辐射物位计的特点

在本活动中，要求通过查阅相关书籍或网上资源，了解称重式液罐计量仪、核辐射物位计的特点、结构及适用场合，并完成如下的问题。

称重式液罐计量仪、核辐射物位计有什么特点？

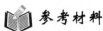

法兰式差压变送器、称重式液罐计量仪和核辐射物位计

1. 法兰式差压变送器

为了解决测量具有腐蚀性或含有结晶颗粒以及黏度大、易凝固等液体液位时，引压管线被腐蚀、被堵问题，现在专门生产了法兰式差压变送器。如图6-15所示。

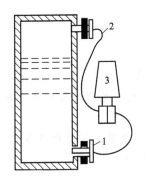

图 6-15 法兰式差压变送器测量液位示意图
1—法兰式测量头;2—毛细管;3—变送器

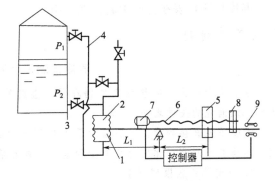

图 6-16 称重式液罐计量仪
1—下波纹管;2—上波纹管;3—液相引压管;4—气相引压管;
5—砝码;6—丝杠;7—可逆电机;8—编码盘;9—发讯器

2. 称重式液罐计量仪

在石油化工部门,有许多大型贮罐,由于底部直径很大,液位变化几毫米,就会有几百到几千公斤的差别,所以液位的测量要求很精密。同时,液位的密度会随温度变化发生较大的变化,而大型容器由于体积很大,各处温度不均匀,即使液位(即体积)测的很准,也反应不了罐中真实的质量储量有多少。利用称重式液罐计量仪就能解决上述问题。如图 6-16 所示。

3. 核辐射物位计

核辐射物位计利用核辐射性的突出特点(即能够透过如钢板等各种固体物质),能够在完全不接触被测物质的情况下测量物位,如图 6-17 所示。适用于高温、高压、强腐蚀、剧毒、有爆炸性、黏滞性、易结晶或沸腾状态的介质的物位测量,及高融熔金属的液位测量。且可在高温、烟雾、尘埃、强电磁场等环境下工作。但由于放射线对人体有害,使用范围受到一定限制。

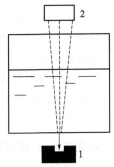

图 6-17 核辐射物位计
1—辐射源;2—接受器

任务五 认识温度检测仪表

任务目标:认识温度检测仪表的主要类型、结构及特点。

活动一 了解温度检测仪表的作用及类型

在本活动中,要求通过到化工生产现场去做调查、咨询,看一看化工生产中所用的温度检测仪表有哪些种类,在生产中起的作用是什么,并完成如下的问题及表 6-6。

表 6-6 温度检测仪表调查表

序 号	温度检测仪表	所处的工段
1		
2		
3		
4		

温度检测仪表在生产中起什么作用？

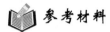

温度检测仪表的类型及原理

温度是表示物体冷热程度的物理量，温度的测量是保证化工生产实现稳产、高产、安全、优质、低消耗的关键之一。

温度不能直接测量，只能借助于冷热不同的物体之间的热变换，以及物体的某些物理性质随冷热程度不同而变化的特征间接测量。测量的基本原理有以下几个方面。

1. 应用热膨胀原理测温

利用液体或固体受热时产生热膨胀的原理，制成膨胀式温度计，如玻璃温度计、双金属温度计等。

2. 应用压力随温度变化的原理测温

液体或某种液体的饱和蒸汽受热时，其压力会随着温度而变化的性质，可制成压力计式温度计，亦称温包式温度计。

3. 应用热阻效应测温

利用导体或半导体的电阻随温度变化的性质，可制成电阻式温度计。

4. 应用热电效应测温

利用金属热电性质可以制成热电阻温度计。

5. 应用热辐射原理测温

利用物体辐射能随温度而变化的性质，可以制成辐射高温计。

按照测量方式不同，化工生产用的测温仪可以为接触式与非接触式两大类。

活动二　了解玻璃管温度计的特点及结构

在本活动中，要求通过查阅相关书籍或网上资源，了解玻璃管温度计的特点、结构及适用场合，并完成如下的问题。

玻璃管温度计有什么特点？

玻璃管温度计

在日常生活及实验中，玻璃管温度计是最常见的一种温度计。在使用玻璃管温度计时，为了获得准确的温度，要经常检查零点位置，当发现有零点位移时，应把位移值加到以后所有读数上；温度计应有足够的插入深度；保持温度计的清洁，避免急剧震动；在读数时，观察者的视线应与标尺垂直，对水银温度计是按最高点读数，对酒精等有机液体温度计则按凹月面的最低点读数。

玻璃管温度计具有结构简单、使用方便、测量准确、价格低廉等优点。但它容易破损、读数麻烦、一般只能现场指示，不能记录与远传。

有机液体温度计的使用范围为 −100～100℃，水银温度计的使用范围一般为 0～350℃。

活动三　了解双金属温度计的特点及结构

在本活动中，要求通过查阅相关书籍或网上资源，了解双金属温度计的特点、结构及适用场合，并完成如下的问题。

1. 双金属温度计有什么特点？

2. 简述双金属温度计的工作原理。

双金属温度计

如图 6-18 所示，双金属温度计中的感温元件是用两片线膨胀系数不同的金属片叠焊在一起而制成的。当双金属片受热后，由于两金属片的膨胀长度不相同而产生弯曲，温度越高，产生的线膨胀长度差越大，引起弯曲的角度就越大。双金属温度计就是根据这一原理制成的。

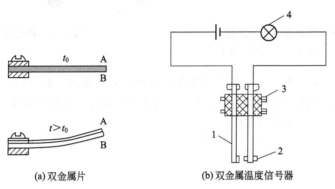

图 6-18 双金属温度计
1—双金属片；2—调节螺钉；3—绝缘子；4—信号灯

双金属温度计具有结构简单、机械强度大、价格低、能记录、报警与自控等优点。但精度低、不能离开测量点测量，量程与作用范围均有限。一般测量温度的范围为 0～300℃，通常被用于温度继电控制器（如在烘箱、恒温箱的温度控制中）、极值温度信号器或其他仪表的温度补偿器。

活动四　了解热电偶温度计、热电阻温度计的特点及结构

在本活动中，要求通过查阅相关书籍或网上资源，了解热电偶温度计、热电阻温度计的特点、结构及适用场合，并完成如下的问题。

1. 热电偶温度计、热电阻温度计有什么特点？
2. 简述热电偶温度计、热电阻温度计的工作原理。

热电偶温度计和热电阻温度计

1. 热电偶温度计

图 6-19 是热电偶测温系统的简单示意图，图 6-20 是热电偶的结构。它主要由热电偶、导线和测量仪表三部分组成。热电偶是系统中的测温元件；测量仪表用来检测热电偶产生的热电势信号，可以采用动圈式仪表或电位差计；导线用来接热电偶与测量仪表，为了提高精度，一般都采用补偿导线和考虑采用冷端补偿。

它具有测量范围广，精度高，便于远距离、多点、集中测量和自动控制的优点，在化工生产中应用相当广泛。但需冷端温度补偿，在低温段测量精度较低。

2. 热电阻温度计

热电阻通常都由电阻体、绝缘体、保护管和接线盒四部分组成。除电阻外，其余部分的结构和形状与热电偶的相应部分相同。

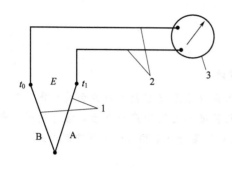
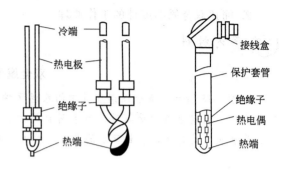

图 6-19　热电偶测温系统示意图
1—热电偶；2—导线；3—测量仪表

图 6-20　热电偶的结构

热电阻温度计测量准确，它与热电偶温度计一样，也有远传、自动记录和实现多点测量等优点。但结构复杂、不能测量高温，体积大，测点温度较困难。适用于测量 $-200 \sim 500℃$ 范围内液体、气体、蒸汽及固体表面的温度。

项目七 认识压力容器

项目说明

本项目学习了解化工生产用压力容器的相关知识。主要内容有：压力容器的定义、分类、作用、常用材料；固定床反应器、流化床反应器、釜式反应器的特点及结构；储存压力容器的作用及类型；压力容器的安全技术，气瓶的安全使用知识等。

主要项目

■ 认识化工压力容器的作用、常用材料及分类；
■ 认识反应压力容器；
■ 认识储存压力容器；
■ 了解压力容器的安全知识。

任务一 认识压力容器的作用、常用材料及分类

任务目标：能够了解压力容器的定义及其在化工生产中的作用与分类；能够了解化工压力容器的常用材料及特点。

活动一 认识压力容器的作用

容器的含义很广，可以说具有一定的容积，能用来盛装物体的东西都可以叫做容器。想一想我们日常生活中用的锅、碗、瓢、盆、杯子、水桶等是不是都叫容器呢？

在化工生产中使用的容器非常多，我们称之为化工容器，而符合一定标准的化工容器又称为压力容器。在本活动中要求到化工生产现场去进行调查，看哪些设备能被称为压力容器？它们所起的作用是什么？完成如下的表 7-1。

表 7-1 化工容器及其作用表

序　号	设备名称	作　用
1		
2		
3		
4		

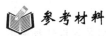参考材料

压 力 容 器

化学工业中的绝大多数生产过程是在化工设备内进行的。在这些设备中，有的用来储存物

料,有的进行物理过程,有的进行化学过程。尽管这些设备尺寸大小不一,形状结构各不相同,内部结构更是多种多样,但是它们都有一个外壳,这个外壳就称之为容器。容器一般是由筒体、封头及其他零部件(如法兰、支座、接管、人孔、手孔、视镜、液面计)组成的。

工业生产中具有特定的工艺功能并承受一定压力的设备,称压力容器。为了与一般容器(常压容器)相区别,只有同时满足下列三个条件的容器,才称之为压力容器。

(1) 最高工作压力 $\geqslant 9.81\times 10^4$ Pa(1kgf/cm²);
(2) 容积 $\geqslant$ 25L,且工作压力与容积之积 $\geqslant 1960\times 10^4$ L·Pa(200L·kgf/cm²);
(3) 介质为气体、液化气体或最高工作温度高于标准沸点的液体。

压力容器的用途十分广泛。它是在石油化学工业、能源工业、科研和军工等国民经济的各个部门都起着重要作用的设备。压力容器由于密封、承压及介质等原因,容易发生爆炸、燃烧起火而危及人员、设备和财产的安全及污染环境的事故。目前,世界各国均将其列为重要的监检产品,由国家指定的专门机构,按照国家规定的法规和标准实施监督检查和技术检验。

活动二 认识化工容器常用材料

在本活动中,要求到化工生产现场去进行调查,了解生产中所用的压力容器都是什么材料做成的,完成如下的表7-2。

表7-2 容器材料调查表

序 号	设备名称	设 备 材 料
1		
2		
3		
4		

参考材料

化工容器常用材料

化工容器常用的材料可分为两大类,一类为金属材料,一类为非金属材料。金属材料具有较高的强度,较好的塑性,同时具有导电性和导热性等。作为基本构造用的金属,绝大部分是以铁为金属的合金,常称为黑色金属,包括碳钢,合金钢和铸铁。除铁基以外的金属称为有色金属,有铜、铝和铅等。

非金属材料具有耐腐蚀性好、品种多、资源丰富、造价便宜的优点,但机械强度低、导热常数小、耐热性差、对温度波动比较敏感、易渗透。因而在使用和制造上都有一定的局限性,常用作容器的衬里和涂层。

1. 金属材料

钢是含碳量小于2.06%的铁碳合金,它有足够的强度和塑性,工艺性能较好,在化工容器中得到广泛的应用。

(1) 碳钢 碳钢中的化学成分除了铁和碳以外,还有硅、锰、硫、磷;它们是炼钢过程中不可避免的杂质,在一定程度上也影响着碳钢的性能。

碳钢按含碳量可分为低碳钢、中碳钢和高碳钢;按质量分为普通碳钢和优质碳钢;按冶炼

性质分为镇静钢、沸腾钢和半镇静钢。

碳钢的机械性能较好，不但有较高的强度和硬度，且有较好的塑性、韧性和制造工艺性。由于耐腐蚀性差，故多数用在对钢腐蚀不大的介质中，若需要用在腐蚀性强的介质中，可用碳钢作容器的基体，在内表面衬上一层耐腐蚀材料（如不锈钢、衬铝、塑料、橡胶、耐酸搪瓷、涂油漆或树脂等）。

(2) 合金钢　由于碳钢没有很好的综合机械性能，在热处理淬火过程中容易变形、开裂，不能满足抗腐蚀、耐磨、耐热等特殊的性能要求。在碳钢中加入少量其他合金元素（如钒、钛、钼、铌、铜、硼、硅、锰等元素），就成了合金钢。合金钢提高了钢材的强度，改善钢的低温性能，提高耐腐蚀性能。不锈钢在空气中能抵抗大气腐蚀，耐酸钢能抵抗酸性介质的腐蚀，耐热钢在高温下不发生氧化并有较高强度。

(3) 铸铁　含碳量大于 2.06% 的铁碳合金称为铸铁。铸铁种类很多，分为灰口铸铁、可锻铸铁、球墨铸铁、高硅铸铁和合金铸铁。由于普通灰口铸铁中的石墨（碳）可以传递压力，并且能吸收振动而起避震作用，其应用比较普遍。但作容器时，壁温不得大于 250℃，在 1m 以下的直径，内压不得超过 $6kgf/cm^2$（表压），直径增大，允许压力要降低。

(4) 有色金属　化工容器中应用的有色金属主要是铜、铝、铅、钛以及它们的合金。在有色金属中加入其他金属元素后，可以提高机械强度，但腐蚀能力则降低，且多数有色金属稀有而价贵，应用有一定限制。

2. 非金属材料

常用的非金属材料有以下几种。

(1) 塑料　作为防腐蚀材料的塑料常用的有：聚氯乙烯、聚乙烯、聚丙烯、氟塑料、氯化聚醚等，其中以聚氯乙烯为主。

在聚氯乙烯树脂中加入不同的增塑剂及稳定剂，可以得到硬质和软质聚氯乙烯。硬聚氯乙烯不仅对大部分酸、碱、盐等具有较好的耐腐蚀性能，而且还具有一定的机械强度，成型方便，可焊性好，比重小等优点。软聚氯乙烯衬里具有较好的耐压、耐冲击性、一定的机械强度及良好的弹性，施工方便。适用于温度较高（约 70~90℃）、有一定机械碰撞及温差、有压力的衬里设备。

(2) 搪玻璃（搪瓷）　搪玻璃容器是由含硅量高的瓷釉通过 900℃ 左右的高温煅烧，使瓷釉密着于金属胎表面而制成的。它具有优良的耐腐蚀性能和机械性能，并能防止某些介质与金属离子起作用而污染物品，它还具有表面光滑和足够的导热性等优点。

(3) 化工陶瓷　化工陶瓷具有优良的耐腐蚀性能，足够的不透性，热稳定性，耐热性，耐磨，不老化，不污染被处理的介质等优点。但其机械强度不高，脆性大。除氢氟酸，氟硅酸，浓强碱外，能耐各种浓度的无机酸、有机酸和有机溶剂等介质的腐蚀。

(4) 硅胶衬里　硅胶衬里是利用黏结剂将耐酸硅板牢固地衬砌在钢制（或混凝土）容器内壁，防止介质对设备的侵蚀。由于硅板衬里在耐蚀性、耐磨性和耐热性等方面效果显著，因此普遍地用于化学工业部门，特别是在氯碱、农药、硫酸、硝酸、染料和化肥等部门，作为塔、反应釜、贮槽的衬里。

活动三　了解压力容器的分类

在本活动中，要求通过查阅相关的书籍和网络资源，了解压力容器是如何分类的，并完成如下的问题。

压力容器常用的分类标准有哪些？

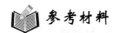 参考材料

压力容器的分类

根据不同的用途、构造材料、制造方法、形状、受力情况、装配方式、安装位置、器壁厚薄而有各种不同的分类方法。其主要的分类有下面几种。

(1) 根据形状 可将容器分为圆筒形、球形、矩形容器。
(2) 根据承压情况 可将容器分为受内压与外压容器。
(3) 根据容器壁厚 可将容器分为薄壁容器与厚壁容器。
(4) 根据材料 可将容器分为钢制、铸铁制、铝制、石墨制、塑料制容器等。
(5) 根据安装方式 可将容器分为固定式压力容器、移动式压力容器。
(6) 根据安装形式 可将容器分为立式容器和卧式容器。

但通常从使用、制造和监检的角度分为以下几种。

(1) 按承受压力的等级 分为低压容器、中压容器、高压容器和超高压容器。
(2) 按盛装介质 分为非易燃、无毒;易燃或有毒;剧毒。
(3) 按工艺过程中的作用不同 分为以下几种。

① 反应容器 主要用来完成工作介质的物理、化学反应的容器称为反应容器。如:反应器、发生器、聚合釜、合成塔、变换炉等。

② 换热容器 主要用来完成介质的热量交换的容器称为换热容器。如:热交换器、冷却器、加热器、硫化罐等。

③ 分离容器 主要用来完成介质的质量交换,气体净化,固、液、气分离的容器。如:分离器、过滤器、集油器、缓冲器、洗涤塔、铜洗塔、干燥器等。

④ 贮运容器 用于盛装液体或气体物料、贮运介质或对压力起平衡缓冲作用的容器。

(4) 其他分类 为了更有效地实施科学管理和安全监检,我国《压力容器安全监察规程》中根据工作压力、介质危害性及其在生产中的作用将压力容器分为三类。并对每个类别的压力容器在设计、制造过程,以及检验项目、内容和方式做出了不同的规定。

① 第1类容器 非易燃或无毒介质的低压容器及易燃或有毒介质的低压传热容器和分离容器属于第1类容器。

② 第2类容器 任何介质的中压容器;剧毒介质的低压容器;易燃或有毒介质的低压反应容器和储运容器属于第2类容器。

③ 第3类容器 下列容器列入第3类,如:高压、超高压容器 $pV \geqslant 1.96 \times 10^5 \text{Pa} \cdot \text{m}^3$ 的剧毒介质低压容器和剧毒介质的中压容器; $pV \geqslant 4.9 \times 10^5 \text{Pa} \cdot \text{m}^3$ 的易燃或有毒介质的中压反应容器; $pV \geqslant 4.9 \times 10^6 \text{Pa} \cdot \text{m}^3$ 的中压储运容器以及中压废热锅炉和内径大于1m的低压废热锅炉。

任务二 认识反应压力容器

任务目标:了解反应压力容器的作用及类型;了解固定床反应器、流化床反应器、釜式反应器的特点及结构。

活动一 了解反应压力容器的作用及类型

在本活动中,要求通过到化工生产现场去做调查、咨询,了解生产中所用的反应压力容器有哪些种类,在生产中起的作用是什么,并完成如下的问题及表7-3。

反应压力容器在生产中起什么作用？

表 7-3 反应压力容器调查表

序　号	反应器类型	所处的工段
1		
2		
3		
4		

反应压力容器

反应压力容器代号为 R，这是为化学反应提供反应空间和反应条件的设备，大多都是化工生产中的关键设备。工业用反应器的类型很多，按操作方式分为间歇反应器、连续反应器和半连续反应器等；按反应器的结构可分为固定床反应器、流化床反应器和搅拌反应器。

活动二　了解固定床反应器的特点及结构

在本活动中，要求通过查阅相关书籍或网上资源，了解固定床反应器特点、结构及适用场合，并完成如下的问题。

1. 固定床反应器有什么特点？
2. 简单描述固定床反应器的结构。

固定床反应器

图 7-1(a)、(b) 分别为绝热式、对外传热式固定床反应器。

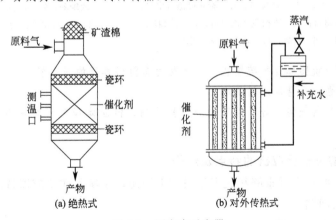

图 7-1　固定床反应器

固定床反应器属非均相物料反应器，多用于气态反应物通过静止的催化剂颗粒构成的床层进行的气固相催化反应，也可用于液固或气固，液固相非催化反应。当反应要求保持一定温度时，则可通过管壁进行热交换。

活动三　了解流化床反应器的特点及结构

在本活动中，要求通过查阅相关书籍或网上资源，了解流化床反应器特点、结构及适用场合，并完成如下的问题。

1. 流化床反应器有什么特点？
2. 简单描述流化床反应器的结构。

 参考材料

流化床反应器

流化床反应器多用于气体和固体颗粒参与的反应。其结构如图7-2所示。

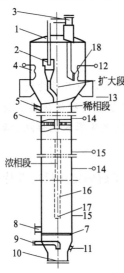

图7-2　流化床反应器

1—壳体；2—内旋风器；3—外旋风器；4—冷却水管；5—催化剂入口；6—导向挡板；7—气体分布器；8—催化剂出口；9—原料混合器入口；10—放空口；11—防爆口；12—稀相段蒸汽出口；13—稀相段冷却水出口；14—浓相段蒸汽出口；15—浓相段冷却水出口；16—料腿；17—堵头；18—翼阀

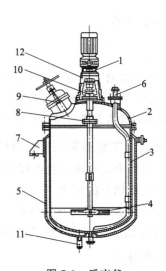

图7-3　反应釜

1—传动装置；2—釜盖；3—釜体；4—搅拌装置；5—夹套；6—工艺接管；7—支座；8—联轴器；9—人孔；10—密封装置；11—蒸汽接管；12—减速机支架

参加反应的颗粒状固体物料装填在一个垂直的圆筒形容器的多孔板上，气体则通过多孔板，以足够大的速度使颗粒呈悬浮沸腾状态。

这类反应器的特点是传热好，温度均匀，易控制；但固体颗粒因磨损而造成损失，排出气体中存在粉尘。

活动四　了解釜式反应器的特点及结构

在本活动中，要求通过查阅相关书籍或网上资源，了解釜式反应器特点、结构及适用场合，并完成如下的问题。

1. 釜式反应器有什么特点？
2. 简单描述釜式反应器的结构。

 参考材料

反　应　釜

反应釜亦称反应搅拌器，是工业生产中应用最广泛的反应器，适用于各种聚集状态物料的反应。结构如图7-3所示。通过搅拌，可以使参加反应的物料混合均匀，强化传热和传质过程。

它既可间歇操作,也可以连续操作或半连续操作,既可以单釜操作又可以多釜串联操作,操作弹性大,适应性强,内部清洗和维修都较方便。

任务三 认识储存式压力容器

任务目标:了解储存容器的作用及类型。

活动 了解储存容器的作用及类型

在本活动中,要求通过到化工生产现场去做调查、咨询,看一看生产中所用的储存容器有哪些种类,在生产中起的作用是什么,并完成如下的问题及表 7-4。

储存容器在生产中起什么作用?

表 7-4 储存容器调查表

序 号	储存容器类型	所处的工段
1		
2		
3		
4		

参考材料

储存压力容器

储存容器的代号为 C,其中球罐的代号为 B。主要指存储和运输液体或液态气体的设备。

按用途可为固定式和运输式两种,固定式是为了贮存,安装在使用地或供液站。运输式用于运输,把液体从生产地或供应站运往使用地点。运输式容器有陆运、水运、空运几种形式,分别称为槽车、拖车、槽船、运输贮罐等。按工作压力可分为常压容器和高压容器。常压容器适用于一般的贮存与运输,高压容器一般用于直接供液、供气或带压储存等。按形状可分为圆柱形、球形容器。平底式圆柱形贮槽见图 7-4。球型贮槽见图 7-5。

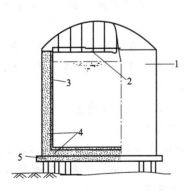

图 7-4 平底式圆柱形贮槽
1—外壳体;2—悬盖板;3—内容器;
4—绝热材料;5—基础

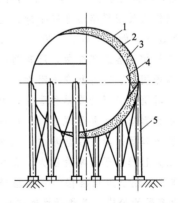

图 7-5 球形金属液化天然气贮槽
1—外壳;2—内胆;3—绝热材料;
4—支承杆;5—支柱

任务四 了解压力容器的安全知识

任务目标：能够初步了解压力容器的安全技术；能够初步了解气瓶的安全使用知识。

活动一 了解压力容器的安全技术

在本活动中，要求通过查阅相关书籍或网上资源，了解压力容器安全技术的相关知识，并完成如下的问题。

压力容器安全技术主要包括哪些方面？

参考材料

压力容器安全技术

1. 压力容器的安全技术管理

为了确保承压设备的安全运行，不断提高其安全可靠性，对承压设备应做好如下安全技术管理工作。

(1) 立卡建档

化工企业压力容器数量较多，要做到心中有数，必须进行分类并分别立卡建档，分级管理。压力容器的技术档案应包括制造厂、安装单位移交的资料、登记卡片、检修记录、运行日志、检验记录及事故与事故处理措施等。

(2) 培训考核

司炉工、压力容器操作工、压力容器焊工、气瓶充装及使用保管人员、无损探伤检验人员应作为特殊工种，对他们必须进行培训教育，并定期考核。培训主要内容为工艺流程、承压设备基本结构及基本原理，操作安全要点、事故的判断、处理与预防的常识和措施以及日常的安全维护保养要求等。考核内容为应知、应会两项。凡考核合格者报请上级主管部门和劳动部门核准，发给操作证后方准独立操作。

(3) 精心操作、加强维护

① 根据生产工艺要求和容器的技术性能，制订容器安全操作规程。如容器的操作方法步骤；允许的最高工作压力和温度；开车、停车的操作程序和注意事项；运行中重点检查项目和部位；可能出现的异常现象和防范措施；停车时封存保养方法以及容器开工前的安全检查项目等。

② 操作人员应严格遵守安全操作规程、定时、定点、定线进行巡回检查，认真做好运行记录，记录数据应做到准时、正确。

③ 严格控制各工艺参数，严禁超压、超温、超负荷运行，严禁冒险性、试探性试验。

④ 容器阀门、零件和安全附件，应保持清洁、完好、齐全可靠，消除"跑、冒、滴、漏"。

⑤ 及时消除容器的震动和摩擦，做好防腐和绝热保温工作。

⑥ 压力容器发生异常现象时，操作人员应及时、果断、正确地进行处理。

⑦ 压力容器严禁用铁器敲击，以免产生火花，发生爆炸事故。

⑧ 压力容器由于长期受压力、受腐蚀、受磨损等各种因素的影响，会产生缺陷，因此，除精心操作外，还应加强维修，科学检修，及时消除"跑、冒、滴、漏"现象，提高设备的完好率。压力容器的检修，必须严格遵守压力容器有关安全技术规定。

2. 压力容器的定期检测

压力容器在使用过程中，由于受到各种因素的影响，将会产生裂缝、裂纹、减薄、变形或

鼓包等缺陷或原有缺陷的扩展，如不及早发现和消除，任其发展，势必发生重大的爆炸事故。所以，压力容器必须定期检验。

压力容器的检验周期是根据容器制造质量、使用条件和维护保养情况而定的，一般情况，压力容器每年至少进行1次外部检查，每3年至少进行1次内外部检查，每6年至少进行1次全面检验（对焊缝进行无损探伤和进行耐压试验）。锅炉应每年作1次停炉内外检验，每6年进行1次水压试验。如遇特殊情况，应提前作内外检查和全面检验。

至于定期检测的方法、步骤、项目、内容，根据具体情况及有关压力容器的测定规范、规程进行。

3. 压力容器的安全附件必须齐全可靠

压力容器上装置的安全附件有安全阀、爆破片、压力表、液面计、温度计、紧急切断阀等。这些附件从某种意义上说是化工安全生产的眼睛，事故的预兆往往可以从这些附件的现象上反映出来。所以，压力容器上的安全附件，必须做到齐全、灵敏、准确、可靠；对失灵和不准的附件，必须及时更换；对不懂性能的人员，不允许随便乱动；安全附件的维护、校验、修理应由专门人员负责。

活动二　了解气瓶的安全使用

在本活动中，要求通过查阅相关书籍或网上资源，了解气瓶的安全使用知识，并完成如下的问题。

气瓶在使用时应注意哪些方面？

参考材料

气瓶安全使用要点

气瓶是流动性的压力容器。在储存、运输和使用压缩气体与液化气的钢瓶时，要特别注意安全，以防爆炸、火灾和泄漏中毒等事故发生。为此，使用时应注意以下要点。

1. 充填气体的钢瓶必须严格检验

做气体钢瓶内部检验时，用12V安全引灯照明，如发现瓶壁有裂纹、鼓泡等明显变形时，作报废处理；如有硬伤、局部腐蚀时，应清除其腐蚀层，测定其剩余壁厚，如壁厚仍大于规定厚度，则可除锈涂漆后继续使用，否则降低使用条件或报废。如作外部检验，重点检查漆色、字样和所装气体是否相符；安全附件是否完整和完好无损；钢印标志是否齐全和清晰，是否超过期限，瓶内是否有剩余气体压力。氧气钢瓶还要检查瓶体和瓶阀上是否沾有油脂等。上述情况如有一项不符合要求，都应妥善处理，否则严禁充装气体。钢瓶充装好气体后，再检查瓶阀是否漏气，否则气体会逸出而引起事故。

2. 严禁超量充装

气体钢瓶的过量充装是十分危险的。因为液体的膨胀系数比其压缩系数要大一个数量级。钢瓶过量充装后，瓶内气压会随温度的上升而上升，当温度升到一定值时，压力会急剧上升而造成钢瓶破裂。经测算，充装满液体的液化气瓶，当温度升高1℃，压力可增加1.01～2.02MPa，只要温度上升10℃左右，就可能使气瓶屈服变形，甚至爆炸。所以，气瓶的充装必须按有关规定的充装系数充装，严禁满装、超装。

3. 正确操作，严禁敲击

高压气瓶开阀时，不宜过猛过快，以防高速而产生高温；操作者在启开瓶阀时，应站在侧面，以免气流喷出伤人；在充装可燃气体时，要注意防止产生静电火花；开关瓶阀时，应用专

门的扳手工具，不能用铁扳手敲击钢瓶，以免产生火花；氧气钢瓶严防沾染油脂，工作人员严禁穿戴有油污的工作服及手套；搬运时要戴好瓶帽。

4. 远离明火，防止受热

钢瓶应远离明火，如氧气瓶等易燃气瓶，应与明火保持10m以上的距离；气瓶应置阴凉处并远离热源，如蒸汽管、水汀、有蒸汽冒出的阴井等；冬天气瓶阀冻结，严禁用火烤或用蒸汽直接加热，应用温水等办法解冻。

5. 专瓶专用，留有余压

为了防止化学性质相抵触的气体相混而发生化学性爆炸，钢瓶必须专瓶专用，不得擅自改装他类气体。使用气瓶时，不得将气瓶内气体全部用尽，必须留有一定的余压（49kPa），以防倒灌，便于充气单位检验，不至把气装错。用于化学反应的气瓶，不能和反应器直接相连，在瓶与反应器之间要装设缓冲器。钢瓶不使用时，应将阀门关严，防止漏气。

6. 文明装卸、妥善放置

气瓶的搬运应轻装轻卸，严禁抛、甩、滚、撞，厂内搬运宜用专用小车推运。装车时应横向放置，头朝一方，旋紧瓶帽，备齐防震圈，瓶下用三角木片卡牢，车厢栏板坚固牢靠，瓶子堆高不得超出车厢。卸车后存放，直放时设有栏栅固定，卧放时用三角木块卡牢，高压气瓶堆放不能高于5层，旋紧瓶帽，头朝一方，且留有通道。

7. 分隔贮存、分开堆放

性质相抵触的气瓶，如氧气瓶与氢气瓶等可燃性气体瓶，应分隔贮存，不能混放一起；满瓶与空瓶也应分开堆放，防止混在一起。若把满瓶当作空瓶送到充气厂灌装，这不仅使周转往返浪费人力、财力，更危险的是若充气单位万一疏忽，空瓶检验不严，则将在充气时产生非常严重的爆炸事故。

8. 经常检查、限期存放

存放在仓库的气瓶，应经常检查，查有无泄漏，发现泄漏及时消除；查外壁有无腐蚀，防止水、酸类物质对气瓶的腐蚀。对乙炔钢瓶、四氟乙烯瓶等介质性质活泼的钢瓶，应向充气单位了解性能，确定存放期限，到期妥善处理，以防自聚、分解等反应发生。

9. 加强钢瓶的维护保养，定期检验

加强钢瓶的维护保养，做好除锈油漆工作，保持瓶上的漆色鲜明、字样清晰、防震圈的完好，以及附件的灵敏、准确。验瓶单位对气瓶的裂纹、渗漏、变形、腐蚀、壁厚、机械强度等情况，由专业技术人员按规定周期、检验项目、内容、方法、原则进行定期的检验。对不同性质的钢瓶应涂有明显的颜色标记，以便识别。钢瓶涂漆颜色标记见表7-5。

表 7-5　钢瓶涂漆颜色标记

气瓶名称	涂漆颜色	字样	字样颜色	色环
氢	深绿	氢	红	$p=1500$kPa,无色环；$p=2000$kPa,黄色环一道
氧	天蓝	氧	黑	$p=1500$kPa,无色环；$p=2000$kPa,白色环一道
氨	黄	液氨	黑	
氯	草绿	液氯	白	
氮	黑	氮	黄	$p=1500$kPa,无色环；$p=2000$kPa,白色环一道
二氧化碳	银白	液化二氧化碳	黑	$p=1500$kPa,无色环；$p=2000$kPa,黑色环一道
甲烷	褐	甲烷	白	$p=1500$kPa,无色环；$p=2000$kPa,黄色环一道
乙烷	褐	液化乙烷	白	$p=1500$kPa,无色环；$p=2000$kPa,黄色环一道
氩（氖、氦、氪、氙）	灰	氩（氖、氦、氪、氙）	绿	$p=1500$kPa,无色环；$p=2000$kPa,白色环一道

项目八 认识换热器

项目说明

本项目主要学习了解换热器的作用、传热机理；学习了解常见的管式换热器、板式换热器、热管换热器的特点、结构及适用场合；学习了解换热器的操作与保养的基本知识，要求能初步了解换热器的操作及常见的事故原因。

主要任务

■ 了解换热器作用及传热机理；
■ 了解换热器的分类；
■ 了解换热器在化工生产中的应用；
■ 了解换热器的操作与保养。

任务一 了解换热器的作用及传热机理

任务目标：能够了解换热器在化工生产中的作用；能够了解换热器的传热机理。

活动一 认识换热器在化工生产中的作用及地位

在生活中，我们会遇到许多传递热量的物体，如我们使用的做饭用的铁锅、暖气管道及暖气片等。那么在化工生产中的热量的传递靠什么装置呢？

在工业生产中，实现物料之间热量传递过程的设备，统称为换热器。它是化工、炼油、动力、原子能和其他许多工业部门广泛应用的一种通用的工艺设备。

在本活动中，要求到化工生产现场去做个调查，哪些设备称为换热器，它们在生产工段所起的作用是什么？完成表 8-1。

表 8-1 化工生产用换热器调查表

序 号	换热器种类	使用场合	作 用
1			
2			
3			
4			
5			
6			
7			

参考材料

换热器在化工生产中的作用及地位

在工业生产中，实现物料之间热量传递过程的一种设备，称为换热器。它是化工、炼油、动力、原子能和其他许多工业部门广泛应用的一种通用的工艺设备。对于迅速发展的化工、炼油等工业生产来说，换热器尤为重要。通常在化工厂的建设中，换热器约占总投资的10%～20%。在石油炼制厂中，换热器约占工艺设备投资的35%～40%。

在化工生产中，为了工艺流程的需要，往往进行着各种不同的换热过程：如加热、冷却、蒸发和冷凝等。换热器就是用来进行这些热传递过程的设备，通过这种设备，使热量从温度较高的流体传递给温度较低的流体，以满足工艺上的需要。换热器随着使用目的的不同，可以把它分成为：热交换器、加热器、冷却器、冷凝器、蒸发器和再沸器等。由于使用的条件不同，换热设备又有各种各样的形式和结构。另外，在化工生产中，有时换热器作为一个单独的化工设备，有时则把它作为某一工艺设备中的组成部分，如氨合成塔中的下部热交换器、精馏塔底部的再沸器和顶部的回流冷凝器或分凝器等。其他如回收排放出去的高温气体中的废热所用的废热锅炉，有时在生产中也是不可缺少的。总之，换热器在化工生产中的应用是十分广泛的，任何化工生产工艺几乎都离不开它。

常见换热器在化工生产中的应用及发展

在换热器设备中，应用最广泛的是管壳式换热器，这种换热器被当作一种传统的标准换热器，在许多工业部门中被大量地使用，尤其在化工生产中。无论是国内还是国外，它在所有的换热设备中，仍占主导地位。同时，在近代的许多化工过程中，大都要求在高温和高压下进行，在这些条件下，要进行热交换是很不容易的。尤其在有腐蚀存在的情况下，实现换热更加困难。而管壳式结构，具有选材范围广，换热表面清洗比较方便，适应性强，处理能力大，能承受高温和高压等特点。因此，能不断扩大它的使用范围。在合成氨高压气体冷却中，工作压力大都在21.0～24.5MPa范围内，高压气体的冷却器都采用管壳式结构。在烯烃生产装置中，通常以热裂解法来制取，裂化气的温度很高，可达到800～900℃。工艺上要求对裂化气进行冷却，然后进行深冷分离。其中所用的高温高压气体冷却器，大都采用管壳式的结构。由于现代化工厂的生产规模日益增大，换热设备也相应向大型化方向发展，以降低动力消耗，减少占地面积和金属消耗。管壳式结构的换热器也能满足这一要求。

近年来，另一种高效、紧凑式的新型换热设备之一，即板式换热器，已发展成为一种重要的化工设备。虽然它还处于发展阶段，但它在化工和石油化工生产中已推广应用。它使用的介质相当广泛，从水到高黏度的非牛顿型液体，从含有小直径固体颗粒的物料到含有纤维的物料，均可处理。从生产工艺上说，它可以用作液体的加热、冷却、冷凝或蒸发，单体的气提，溶液的浓缩、聚合、脱气、混合和乳胶的干燥等。又出现的一种新用途是气体的冷却和冷凝，如氯气的冷凝。总之，板式换热器的应用场合很广，据统计，处理的介质多达一百余种以上。

由于铝及铝合金钎焊技术的发展和不断完善，促使另一种高效、紧凑的新型换热器，即板翅式换热器得到广泛的应用。虽然最初这种形式的换热器，是为了满足飞机上中间冷却器的需要，但由于它具有体积小、质量轻、效率高和适应的温度范围广等突出的优点，从而在化工、石油化工和其他许多工业部门中，也得到了迅速地推广应用。在化工生产工艺中，主要用于生产氮气和氧气的空气分离装置中，如液化器（约−185℃氮气和约−174℃的空气之间的换热，使空气中的一部分被液化）、过冷器（约−194℃氮气和约−177℃的液态空气或液态氮之间进行换热）、主凝缩器（约−178℃的氮气凝缩，而使液态氧气化）、预冷器（空气、高纯度氧、氮和不纯氧四种流体换热，将3MPa的空气冷却到液化温度）和可逆式换热器等。而可逆式换热器，正在取代空分装置中蓄冷器。其次将铝制换热器用在合成肥料装置中，用来处理碳氢化合物，如氢气热交换器、甲烷冷凝器和换热器、氮气冷却器和液化器，以及丙烷蒸发器等。

后来，又将板翅式换热器用在乙烯装置中。例如，用 8 种流体同时进行热交换的大型板翅式换热器，若使用管壳式换热器时，则需要 7 台，这样容积要大 7～10 倍，质量要大 20～30 倍。近年来，板翅式换热器又成功地应用于天然气加工过程中，如进料气冷却器、部分冷凝器、底部蒸发器和压缩机的中间冷却器等。其他在航空、车辆和船舶等方面亦已开始推广应用。

螺旋板换热器在化工生产中的应用也日趋广泛。在磷酸生产流程中，由于使用了这种形式的换热器，在清洗时可不停车，每次清洗只需切换磷酸和水的通道即可。美国在一家工厂中装有 6 台螺旋板式换热器，用来冷却发烟硫酸。该设备为钢制，并在其表面覆盖一层酚醛树脂，使用一年后，不仅没有发生堵塞，且涂层仍处于良好状态。螺旋板式换热器在国内首先较普遍地用在小化肥生产中半水煤气的预热器和氨合成塔下部的换热器，目前已逐步推广应用到其他化工生产工艺中。

20 世纪 60 年代后期，我国独创制成了一种新型高效式换热器，称它为伞板式换热器。它不仅具有一般板式换热器的特点，同时，还具有螺旋通道，兼有螺旋板式换热器的一些特点。虽然这种形式的换热器，还处于进一步研究和发展中，由于它制造简便，加工过程简化，成本低廉，中小工厂也获得推广，因此已开始应用于各种生产中，如压缩机油的冷却，酸和碱等腐蚀性介质的换热等过程。

20 世纪 60 年代初期，板壳式换热器在欧洲开始得到了广泛地应用。而在化工生产中使用这种形式换热器的场合也很多，如酒精塔的间接加热器、冷却器和冷凝器，化学药剂回收的预热器、气体冷却器和冷凝器等。由于该形式换热器地制造工艺比较复杂，焊接结束要求高，故尚待继续完善其结构及制造工艺。

在化工生产过程中，除了遇到高温、高压、高真空和深冷等一些操作条件以外，有时还常常伴随着所处理物料的强烈腐蚀性。为了在换热过程中能妥善地解决这个问题，而提出和使用了一些新型材料的换热器。如玻璃、石墨和聚四氟乙烯等非金属材料以及钛、钽和锆等稀有金属材料制作的换热器，以达到耐热、耐压和防腐的效果。如石墨换热器已在许多国家中得到广泛地应用，用来处理盐酸、硫酸、醋酸和磷酸等腐蚀性介质；此外，还可用于化肥、有机合成和农药等多种工业。

在其他新型换热器的应用中，值得提出来的为热管。它是一种新型的传热元件，在 20 世纪 60 年代中期开始应用于宇宙航行，随着时间的推移它的发展已日趋完善，且逐步推广应用于其他工业部门。它能利用小的表面积传递大的热量，因此它能充分体现换热器的一种优良的设计。在放热反应器、催化反应器、高温热解或离子化学反应中进行等温导热或等温冷却，用来控制流程温度或炉子温度等。

20 世纪 70 年代以来，由于能源供应日趋紧张，而化学工业又与能源密切相关，今后如何解决能源供应问题，将直接影响着化学工业的发展。近年来化工技术的开发研究正日益侧重于节省能源，扩大对能源的适应范围，加强环境保护等。美国采用热泵循环，配合以高热流管用于精馏塔中，能够显著地降低能量消耗。从设备角度考虑低品位能的利用正受到重视，化学工业中的低温余热占总能量消耗的 80％，充分利用低品位能是提高总体热效率的关键。热泵可比较高效地利用低品位能。

从以上介绍可知，在化工生产中所使用的换热器种类和形式很多，但完善的换热设备至少应满足下列几种因素。

① 保证达到工艺所规定的换热要求；
② 强度足够及结构可靠；

③ 便于制造、安装和检修；
④ 经济上要合理。

活动二　认识换热器的传热机理

在本活动中，要求通过查阅相关的书籍和网络资源，了解换热器的传热机理有哪几种，其含义是什么？并完成如下的问题。

换热器的传热机理有哪些？其含义是什么？

参考材料

换热器的传热机理

热的传递是由于物体内部或物体之间的温度不同造成的。根据热力学第二定律，热量总是自动地从温度较高的物体传递给温度较低的物体；只有在消耗机械功的条件下，才有可能由低温物体向高温物体传递热量。现只讨论前一种情况的传热。对于热量从高温物体向低温物体传递的传热基本方式有热传导、热对流和热辐射三种。

1. 热传导

热量从物体内部温度较高的部分传递到温度较低的部分或者传递到与之相接触的温度较低的另一物体的过程称为热传导，简称导热。

特点：物质间没有宏观位移，只发生在静止物质内的一种传热方式。

微观机理因物态而异。气体的导热是气体分子做不规则热运动时互相碰撞的结果，液体的导热机理与气体类似，导电固体与非导电固体的导热机理有所不同，前者靠自由电子的运动，后者靠晶格的振动。

2. 热对流

流体中质点发生相对位移而引起的热量传递，称为热对流，分强制对流和自然对流两种。前者是用机械能（泵、风机、搅拌等）使流体发生对流而传热，后者由于流体各部分温度的不均匀分布，形成密度的差异，在浮升力的作用下，流体发生对流而传热。

对流只能发生在流体中。

3. 热辐射

辐射是一种通过电磁波传递能量的过程。物体由于热的原因而发出辐射能的过程，称为热辐射。

辐射传热，不仅是能量的传递，还伴随着能量形式的转化。

辐射传热不需要任何介质作媒介，可以在真空中传播。

任务二　了解换热器的分类

任务目标：能够了解换热器的类别及分类方法。

活动　了解换热器的类别及分类方法

在本活动中，要求通过到化工生产现场去做调查、咨询，看一看生产中所用的换热器有哪些种类？通过查阅相关书籍或网上资源，了解换热器的分类方法及相应的类型，并完成如下的问题及表 8-2。

换热器常见的分类方法有哪些？

表 8-2　化工生产换热器类型调查表

序　号	换热器类型	分类方法
1		
2		
3		
4		

参考材料

换热器的分类

在化工生产中，由于用途、工作条件和传热的要求等各不相同，使得换热器的类型也多种多样。为了便于对它的了解，可将换热器按下列方式进行分类。

1. 按换热器的传热方法分类

按换热器的传热方法可分为：直接混合式、蓄热式和间壁式三种。

（1）直接混合式　将热流体与冷流体直接混合的一种传热方式。如老式澡堂中水池的水，是将水蒸气直接通入冷水中，使冷水加热，即为直接混合式。北方许多工厂的澡堂，仍然采用这种办法。

（2）蓄热式　先让热流体渡过蓄热体，将热量储存在蓄热体上，然后让冷流体流过蓄热体，蓄热体将热量传递给冷流体，此即蓄热式换热器，如图 8-1 所示。炼焦炉中煤气燃烧系统就是采用蓄热式换热。

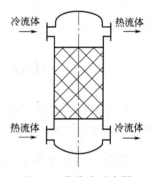

图 8-1　蓄热式示意图

（3）间壁式　热流体通过间壁将热量传递给冷流体称为间壁换热，此方式在化工生产中应用极为广泛。属此类的换热器有：夹套式热交换器、蛇形式热交换器、套管式热交换器、列管式热交换器和板式热交换器等。图 8-2 所示的为列管式换热器。

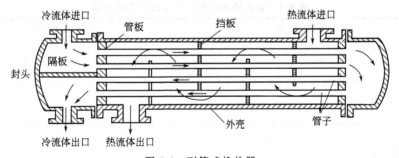

图 8-2　列管式换热器

2. 按换热器的用途分类

（1）加热器　用于把流体加热到所需温度，被加热流体在加热过程中不发生相变。

（2）预热器　用于流体的预热。

（3）过热器　用于加热饱和蒸汽，使其达到过热状态。

（4）蒸发器　用于加热液体，使之蒸发汽化。

（5）再沸器　是蒸馏过程的专用设备，用于加热已冷凝的液体，使之再受热汽化。

（6）冷却器　用于冷却流体，使之达到所需温度。

(7) 冷凝器　用于冷凝饱和蒸汽，使之放出潜热而凝结液化。

3. 按换热器的传热面形状和结构分类

(1) 管式换热器　通过管子壁面进行传热。按传热管的结构的不同，可分为列管式换热器、套管式换热器、蛇管式换热器和翅片管式换热器等几种。管式换热器应用最为广泛。

(2) 板式换热器　通过板面进行传热。按传热板的结构形式，可分为平板式换热器、螺旋板式换热器、板翅式换热器和热板式换热器等几种。

(3) 特殊形式换热器　这类换热器是指根据工艺特殊要求而设计的具有特殊结构的换热器。如回转式换热器、热管式换热器、同流式换热器等。

4. 按传热器所用材料分类

(1) 金属材料换热器　是由金属材料制成，常用金属材料有碳钢、合金钢、铜及铜合金、铝及铝合金、钛及钛合金等。由于金属的热导率较大，故该类换热器的传热效系数较高。生产中，金属材料换热器使用广泛。

(2) 非金属材料换热器　该类换热器主要用于具有腐蚀性的物料。由于非金属材料的导热系数较小，所以其传热效率较低。

任务三　了解换热器在化工生产中的应用

任务目标：能够了解管式换热器、板式换热器和热管换热器的特点、结构及使用场合；能够了解上述三种换热器的具体类型。

活动一　认识管式换热器

在本活动中，要求到化工生产现场去进行调查，在生产的什么场合使用了管式换热器？具体为哪一类型的管式换热器？通过查阅相关的书籍和网络资源，了解其结构是怎样的？有什么特点？完成如下的问题及表 8-3。

简单描述常见的管式换热器有分哪几种。

表 8-3　管式换热器使用场合及结构特点表

序号	使用场合	结构特点
1		
2		
3		
4		

参考材料

管式换热器

这一类型的换热器，虽然在换热效率、设备结构的紧凑性（换热器在单位体积中的传热面积）和金属的消耗量等方面都不如其他新型换热器，但它具有结构坚固，操作弹性大和使用材料范围广等优点。尤其在高温、高压和大型换热器中，仍占着相当优势。

1. 沉浸式换热器

这种换热器是将金属管弯绕成各种与容器相适应的形状（多盘成蛇形，常称蛇管），并沉浸在容器内的液体中，使蛇管内、外的两种流体进行热量交换。几种常见的蛇管形式如图 8-3

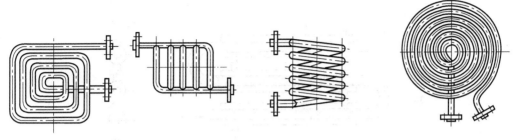

图 8-3 蛇管的形状

所示。

优点：结构简单、价格低廉，能承受高压，可用耐腐蚀材料制造。

缺点：容器内液体湍动程度低，管外对流传热系数小。

2. 喷淋式换热器

喷淋式换热器也称为蛇管式换热器，多用作冷却器。这种换热器是将蛇管成行地固定在钢架上，如图 8-4 所示。热流体在管内流动，自最下面的管进入，由最上面的管流出。冷水由最上面的淋水管流下，均匀地喷洒在蛇管上，并沿其两侧逐排流经下面的管子表面，最后流入水槽而排出，冷水在各排管表面上流过时，与管内流体进行热交换。这种换热器的管外形成一层湍动程度较高的液膜，因而管外对流传热系数较大。另外，喷淋式换热器常放置在室外空气流通处，冷却水在空气中汽化时也带走一部分热量，提高了冷却效果。因此，和沉浸式相比，喷淋式换热器的传热效果要好得多。同时它还有便于检修和清洗等优点。其缺点是喷淋不易均匀。

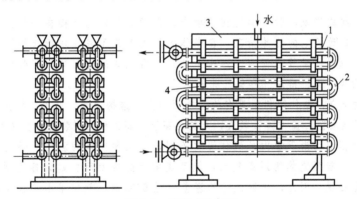

图 8-4 喷淋式冷却器

1—直管；2—U 形管；3—水槽；4—齿行檐板

3. 套管式换热器

套管式换热器是由大小不同的直管制成的同心套管，并由 U 形弯头连接而成，如图 8-5 所示。每一段套管称为一程，每程有效长度约为 4~6m，若管子过长，管中间会向下弯曲。

优点：在套管式换热器中，一种流体走管内，另一种流体走环隙。适当选择两管的管径，两流体均可得到较高的流速，且两流体可以为逆流，对传热有利。另外，套管式换热器构造较简单，能耐高压，传热面积可根据需要增减，应用方便。

缺点：管间接头多，易泄漏，占地较大，单位传热面消耗的金属量大。因此它较适用于流量不大，所需传热面积不多而要求压强较高的场合。

4. 列管式换热器

列管式换热器是目前应用最为广泛的一种换热设备，已作为一种标准换热设备。如图 8-6 所

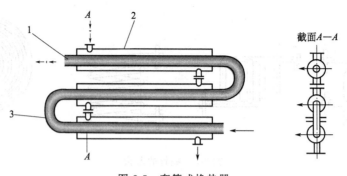

图 8-5 套管式换热器
1—内管；2—外管；3—U形肘管

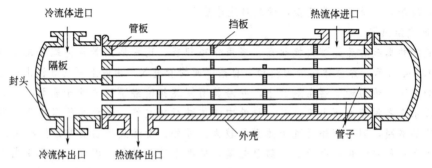

图 8-6 列管式换热器

示,其由许多管子组成管束,管子固定在管板上,而管板与外壳连接在一起。为了增加流体在壳程的湍流程度,以改善它的传热情况,在壳体内间隔安装了许多块折流挡板。换热器的壳体上和两侧的端盖上（对偶数管程而言,则在一侧）装有流体的进出口,有时还在其上装设检查孔、测量仪表用的接口管、排液孔和排气孔等。

此种换热器的优点：单位体积所具有的传热面积大,结构紧凑,坚固,传热效果好,能用多种材料制造,适用性较强,操作弹性较大,尤其在高温、高压和大型装置中多采用列管式换热器。

在列管式换热器中,由于管内外流体温度不同,管束和壳体的温度也不同,因此它们的热膨胀程度也有差别。若两流体的温差较大,就可能由于热应力而引起设备变形,管子弯曲,甚至破裂或从管板上松脱。因此,当两流体的温差超过50℃时,就应采用热补偿的措施。根据热补偿方法的不同,列管式换热器分为以下几种主要形式。

（1）固定管板式　固定管板式的两端管板采用焊接的方法和壳体制成一体,如图8-7所示。

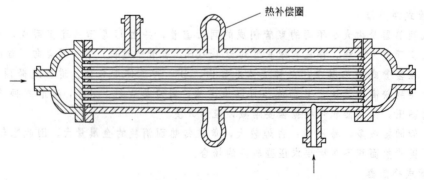

图 8-7 固定管板式换热器

因此它具有结构简单和成本低的优点。但是壳程清洗和检修困难，要求壳程流体必须是洁净而不易结垢的物料。当两流体的温差较大时，应考虑热补偿。即在外壳的适当部位焊上一个补偿圈，当外壳和管束热膨胀不同时，补偿圈发生弹性变形（拉伸或压缩），以适应外壳和管束不同的热膨胀程度。这种补偿方法简单，但不宜应用两流体温差过大（应不大于70℃）和壳程流体压强过高的场合。

(2) 浮头式换热器　该换热器的特点是有一端管板不与外壳连为一体，可以沿轴向自由浮动，如图8-8所示。这种结构不但完全消除了热应力的影响，且由于固定端的管板以法兰与壳体连接，整个管束可以从壳体中抽出，因此便于清洗和检修。故浮头式换热器应用较为普遍，但它的结构比较复杂，造价较高。

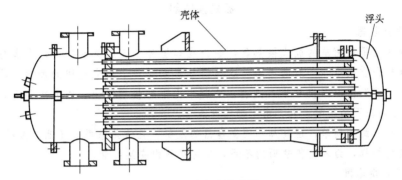

图 8-8　浮头式换热器

(3) U形管式换热器　该换热器每根管子都弯成U形，进出口分别安装在同一管板的两侧，封头用隔板分成两室，如图8-9所示。这样，每根管子可以自由伸缩。而与其他管子和壳体均无关。这种换热器结构比浮头式简单，重量轻，但管程不易清洗，只适用于洁净而不易结垢的流体，如高压气体的换热。

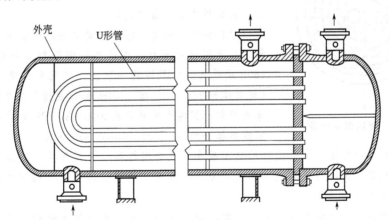

图 8-9　U形管式换热器

活动二　认识板式换热器

在本活动中，要求到化工生产现场去进行调查，在生产的什么场合使用了板式换热器？具体的为哪种类型的板式换热器？通过查阅相关的书籍和网络资源，了解这种板式换热器结构是怎样的？有什么特点？完成如下的问题及表8-4。

简单描述常见的板式换热器分几种？

表 8-4　板式换热器使用场合及结构特点表

序号	使用场合	结构特点
1		
2		
3		
4		

参考材料

板式换热器

1. 夹套式换热器

夹套式换热器是最简单的板式换热器，它是在容器外壁安装夹套制成，夹套与容器之间形成的空间为加热介质或冷却介质的通路。这种换热器主要用于反应过程的加热或冷却。在用蒸汽进行加热时，蒸汽由上部接管进入夹套，冷凝水由下部接管流出。作为冷却器时，冷却介质（如冷却水）由夹套下部接管进入，由上部接管流出。

夹套式换热器结构简单，但其加热面受容器的限制，且传热系数也不高。为提高传热系数，可在器内安装搅拌器，为补充传热面的不足，也可在器内安装蛇管。

2. 螺旋板式换热器

螺旋板式换热器是由两张间隔一定的平行薄金属板卷制而成，在其内部形成两个同心的螺旋形通道。换热器中央设有隔板，将螺旋形通道隔开，两板之间焊有定距柱以维持通道间距。在螺旋板两端焊有盖板。冷热流体分别通过两条通道，在器内逆流流动，通过薄板进行换热，如图 8-10 所示。

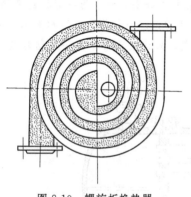

图 8-10　螺旋板换热器

螺旋板式换热器的优点。

（1）传热系数高　螺旋流道中的流体由于惯性离心力的作用和定距柱的干扰，在较低的雷诺数（一般 $Re=1400\sim1800$ 或更低些）下即达到湍流，并且允许选用较高的流速（对液体为 2m/s，气体为 20m/s），故传热系数较高。如水对水的换热，其传热系数可达 $2000\sim3000W/(m^2\cdot K)$，而列管式换热器一般为 $1000\sim2000W/(m^2\cdot K)$。

（2）不易结垢和堵塞　由于流体的速度较高，又有惯性离心力的作用，流体中悬浮的颗粒被抛向螺旋形通道的外缘而受到流体本身的冲刷，故螺旋板换热器不易结垢和堵塞，适合处理悬浮液及黏度较大的介质。

（3）能利用温度较低的热源　由于流体流动的流道较长和两流体可进行完全逆流，故可在较小的温差下操作，能充分利用温度较低的热源。

（4）结构紧凑　单位体积的传热面积为列管式的 3 倍。

螺旋板换热器的主要缺点。

（1）操作压强和温度不宜太高　目前最高操作压强不超过 2MPa，温度不超过 $300\sim400$℃。

（2）不易检修　因整个换热器被焊成一体，一旦损坏，修理很困难。

3. 平板式换热器

平板式换热器简称板式换热器，是由一组长方形的薄金属板平行排列，加紧组装于支架上而构成。两相邻板片的边缘衬有垫片，压紧后板间形成密封的流体通道，且可用垫片的厚度调节通道的大小。每块板的四个角上，各开一个圆孔，其中有一对圆孔和一组板间流道相通，另外一对圆孔则通过在孔的周围放置垫片而阻止流体进入该组板间的通道。这两对圆孔的位置在相邻板上是错开的以分别形成两流体的通道。冷热流体交错地在板片两侧流过，通过板片进行换热。板片厚度约为0.5～3mm，通常压制成凹凸波纹状。例如人字形波纹板。它增加了板的刚度以防止板片受压时变形，同时又使流体分布均匀，增强了流体湍动程度和加大了传热面积，有利于传热，如图8-11所示。

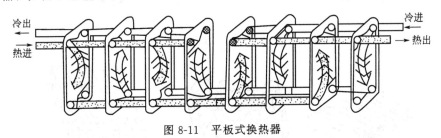

图8-11 平板式换热器

平板式换热器的优点。

(1) 传热系数高 由于平板式换热器中板面有波纹或沟槽，可在低雷诺数（$Re=200$左右）下达到湍流，而且板片厚度又小，故传热系数大。例如水对水的传热系数可达1500～4700W/(m²·K)。

(2) 结构紧凑 一般板间距为4～6mm，单位体积设备可提供的传热面为250～1000m²/m³（列管式换热器只有40～150m²/m³）。平板式换热器的金属消耗量可减少一半以上。

(3) 具有可拆结构 可根据需要，用调节板片数目的方法增减传热面积。操作灵活性大，检修、清洗也都比较方便。

平板式换热器的主要缺点是允许的操作压强和温度都比较低。通常操作压强低于1.5MPa，最高不超过2.0MPa，压强过高容易泄露。操作温度受垫片材料的耐热性限制，一般不超过250℃。另外由于两板的间距仅几毫米，流通面积较小，流速又不大，处理量较小。

螺旋板式换热器和平板式换热器都具有结构紧凑、材料消耗低、传热系数大的特点，都属于新型的高效紧凑式换热器。这类换热器一般都不耐高温高压，但对于压强较低，温度不高或腐蚀性强而需用贵重材料的场合，则显示出更大的优越性，目前已广泛应用于食品、轻工和化学等工业。

4. 板翅式换热器

板翅式换热器是一种更为高效、紧凑、轻巧的换热器，过去由于制造成本较高，仅用于宇航、电子、原子能等少数部门。现在已逐渐用于石油化工及其他工业部门，取得良好效果。

板翅式换热器的结构形式很多，但是基本结构元件相同，即在两块平行的薄金属板之间，加入波纹状或其他形状的金属翅片，将两侧面封死，即成为一个换热基本元件，如图8-12所示。将各基本元件进行不同的叠积和适当的排列，并用钎焊固定，即可制成并流、逆流或错流的板束（或称芯部），然后再将带有流体进出口接管的集流箱焊在板束上，即成为板翅式换热器。我国目前常用的翅片形式有平直型翅片、锯齿型翅片和多孔型翅片三种。

板翅式换热器的优点是：结构高度紧密、轻巧、单位体积设备所提供的传热面一般能达到2500m²/m³，最高可达4300m²/m³。通常用铝合金制造，故重量轻，在相同的传热面下，其重量约为列管式的十分之一。由于翅片促进了流体的湍动并破坏了热边界层的发展，故其传热系数较高；另外铝合金不仅导热系数高，而且在零度以下操作时，其延性和抗拉强度都很高，适用于低温和超低温的场合，故操作范围广，可在200℃至绝对零度范围内使用。同时因翅片对隔板

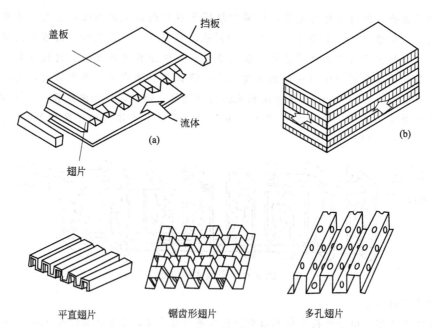

图 8-12 板翅式换热器的板束及基本单元结构

有支撑作用,板翅式换热器允许操作压强也比较高,可达 5MPa。

这种换热器的缺点是:设备流道很小,易堵塞,且清洗和检修困难,故所处理的物料应较洁净或预先净制;另外由于隔板的翅片均由薄铝板制称成,故要求介质对铝不腐蚀。

活动三 认识热管换热器

在本活动中,要求到化工生产现场去进行调查,了解在生产的什么场合使用了热管换热器?为什么使用热管换热器?通过查阅相关的书籍和网络资源,了解常见的热管换热器结构是怎样的?有什么特点?完成如下的问题及表 8-5。

简单描述常见的热管换热器的结构特点及工作流程原理。

表 8-5 热管换热器使用场合及原因表

序 号	使用场合	使用原因
1		
2		
3		
4		

 参考材料

热管换热器

热管换热器是 20 世纪 60 年代中期发展起来的一种新型传热元件,如图 8-13 所示。它是由一根抽除不凝性气体的密封金属管,内充一定量的某种工作液体组成。工作液体在热端吸收热量组沸腾汽化,产生的蒸汽流至冷端冷凝放出潜热,冷凝液回至热端,再次沸腾汽化。如此反复循环,热量不断从热端传至冷端。冷凝液的回流可以通过不同的方法(如毛细管作用、重力、离心力)来实现。目前应用最广的方法是将具有毛细结构的吸液芯装在管的内壁,利用毛细管

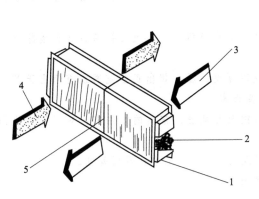 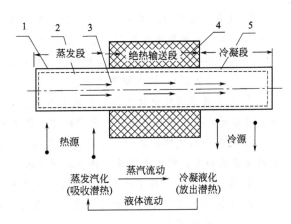

图 8-13　热管换热器
1—箱体；2—热管束；3—冷流体；4—热流体；5—隔板

图 8-14　热管的工作区段和工作循环
1—热管壳体；2—吸液芯；3—蒸汽流；4—绝热层；5—液流

的作用使冷凝液由冷端回流至热端。常用的工作液体为氨、水、汞等。

热管的传热特点是热管中的热量传递通过沸腾汽化、蒸汽流动和蒸汽冷凝三步进行，由于沸腾和冷凝的对流传热强度都很大，两端管表面比管截面大很多，而蒸汽流动阻力损失又较小，因此热管两端温差可以很小，即能在很小的温差下传递很大的热流量。与相同截面的金属壁面的导热能力比较，热管的导热能力可达最好的金属导热体的 103～104 倍。因此它特别适用于低温差传热以及某些等温性要求较高的场合。热管的这种传热特性为器（或室）内外的传热强化提供了极有利的手段。例如器两侧均为气体的情况，通过器壁装热管，增加热管两端的长度，并在管外装翅片，就可以大大加速器内外的传热，见图 8-14。

此外，热管还具有结构简单，使用寿命长，工作可靠，应用范围广等优点。

热管最初主要应用于宇航和电子工业部门，近年来在很多领域都受到了广泛的重视，尤其在工业余热的利用上取得了很好的效果。

任务四　了解换热器的操作与保养

任务目标：能了解换热器的基本操作方法、运行特点和维护保养知识。

活动一　了解换热器的基本操作方法

在本活动中，要求通过查阅相关书籍或网上资源，了解换热器的操作方法的相关知识，并完成如下的问题。

换热器在操作中需注意哪些问题？

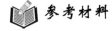 参考材料

换热器的使用与操作

1. 换热器的正确使用

换热器在使用时需注意以下方面。

① 投产前应检查压力表、温度计、液位计以及有关阀门是否齐全好用。

② 输进蒸汽前先打开冷凝水排放阀门，排除积水和污垢；打开放空阀，排除空气和其他不凝性气体。

③ 换热器投产时，要先通入冷流体，缓慢或数次通入热流体，做到先预热后加热，切忌骤冷骤热，以免换热器受到损坏，影响其使用寿命。

④ 进入换热器的冷热流体如果含有大颗粒固体杂质和纤维质，一定要提前过滤和清除（特别是对板式换热器），防止堵塞通道。

⑤ 经常检查两种流体的进出口温度和压力，发现温度、压力超出正常范围或有超出正常范围的趋势时，要立即查出原因，采取措施，使之恢复正常。

⑥ 定期分析流体的成分，以确定有无内漏，以便及时处理。常用的方法有：对列管换热器进行堵管或换管，对板式换热器修补或更换板片。

⑦ 定期检查换热器有无渗漏、外壳有无变形以及有无振动，若有应及时处理。

⑧ 定期排放不凝性气体和冷凝液，定期进行清洗。

2. 具体操作要点

化工生产中对物料进行加热（沸腾）、冷却（冷凝），由于加热剂、冷却剂等的不同，换热器具体的操作要点也有所不同，下面分别予以介绍。

① 蒸汽加热　蒸汽加热必须不断排除冷凝水，否则积于换热器中，部分或全部成为无相成传热，导致传热速率下降；同时还必须及时排放不凝性气体，因为不凝性气体的存在使蒸汽冷凝的给热系数大大降低。

② 热水加热　热水加热，一般温度不高，加热速度慢，操作稳定，只要定期排放不凝性气体，就能保证正常操作。

③ 烟道气加热　烟道气一般用于生产蒸汽或加热、汽化液体，烟道气的温度较高，且温度不易调节，在操作过程中，必须时时注意被加热物料的液位、流量和蒸汽产量，还必须做到定期排污。

④ 导热油加热　导热油加热的特点是温度高（可达400℃）、黏度较大、热稳定性差、易燃、温度调节困难，操作时必须严格控制进出口温度，定期检查进出管口及介质流道是否结垢，做到定期排污，定期放空，过滤或更换导热油。

⑤ 水和空气冷却　操作时注意根据季节变化调节水和空气的用量，用水冷却时，还要注意定期清洗。

⑥ 冷冻盐水冷却　其特点是温度低、腐蚀性较大，在操作时应严格控制进出口温度，防止结晶堵塞介质通道，要定期放空和排污。

⑦ 冷凝　冷凝操作需要注意的是，定期排放蒸汽侧的不凝性气体，特别是减压条件下不凝性气体的排放。

活动二　了解换热器的维护和保养

在本活动中，要求通过查阅相关书籍或网上资源，了解换热器的维护和保养的相关知识，并完成如下的问题。

1. 板式换热器和列管换热器的常见故障有哪些？
2. 换热器的清洗有哪些方法，各有什么特点？

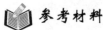
参考材料

换热器的常见故障与维护

1. 列管换热器

(1) 列管换热器的维护和保养　主要表现在以下几个方面。

① 保持设备外部整洁、保温层和油漆完好。
② 保持压力表、温度计、安全阀和液位计等仪表和附件的齐全、灵敏和准确。
③ 发现阀门和法兰连接处渗漏时,应及时处理。
④ 开停换热器时,不要将阀门开得太猛,否则容易造成管子和壳体受到冲击,以及局部骤然胀缩,产生热应力,使局部焊缝开裂或管子连接口松弛。
⑤ 尽可能减少换热器的开停次数。停止使用时,应将换热器内的液体清洗放净,防止冻裂和腐蚀。
⑥ 定期测量换热器的壳体厚度,一般两年一次。

(2) 列管换热器的常见故障及其处理 列管换热器的常见故障及其处理方法见表8-6。

表8-6 列管换热器的常见故障与处理方法

故障	产生原因	处理方法
传热效率下降	列管结垢 壳体内不凝汽或冷凝液增多 列管、管路或阀门堵塞	清洗管子 排放不凝汽和冷凝液 检查清理
振动	壳程介质流动过快 管路振动所致 管束与折流板的结构不合理 机座刚度不够	调节流量 加固管路 改进设计 加固机座
管板与壳体连接处开裂	焊接质量不好 外壳歪斜,连接管线拉力或推力过大 腐蚀严重,外壳壁厚减薄	清除补焊 重新调整找正 鉴定后修补
管束、胀口渗漏	管子被折流板磨破 壳体和管束温差过大 管口腐蚀或胀(焊)接质量差	堵管或换管 补胀或焊接 换管或补胀(焊)

列管换热器的故障50%以上是由于管子引起的,下面简单介绍一下更换管子、堵塞管子和对管子进行补胀(或补焊)的具体方法。

当管子出现渗漏时,就必须更换管子。对胀接管,须先钻孔,除掉胀管头,拔出坏管,然后换上新管进行胀接,最好对周围不需更换的管子也能稍稍胀一下,注意换下坏管时,不能碰伤管板的管孔,同时在胀接新管时,要清除管孔的残留异物,否则可能产生渗漏;对焊接管,须用专用工具将焊缝进行清除,拔出坏管,换上新管进行焊接。

更换管子的工作是比较麻烦的,因此当只有个别管子损坏时,可用管堵将管子两端堵死,管堵材料的硬度不能高于管子的硬度,堵死的管子的数量不能超过换热器该管程总管数的10%。

管子胀口或焊口处发生渗漏时,有时不需换管,只需进行补胀或补焊,补胀时,应考虑到胀管应力对周围管子的影响,所以对周围管子也要轻轻胀一下;补焊时,一般须先清除焊缝再重新焊接,需要应急时,也可直接对渗漏处进行补焊,但只适用于低压设备。

2. 板式换热器

(1) 板式换热器的维护和保养 有以下几个方面。
① 保持设备整洁、油漆完好,紧固螺栓的螺纹部分应涂防锈油并加外罩,防止生锈和黏结灰尘。
② 保持压力表、温度计灵敏和准确,阀门和法兰无渗漏。
③ 定期清理和切换过滤器,预防换热器堵塞。
④ 组装板式换热器时,螺栓的拧紧要对称进行,松紧适宜。

(2) 板式换热器的主要故障和处理 板式换热器的主要故障和处理方法见表8-7。

表 8-7　板式换热器常见故障和处理方法

故障	产生原因	处理方法
密封处渗漏	胶垫未放正或扭烂 螺栓紧固力不均匀或紧固不够 胶垫老化或有损伤	重新组装 调整螺栓紧固度 更换新垫
内部介质渗漏	板片有裂缝 进出口胶垫不严密 侧面压板腐蚀	检查更新 检查修理 补焊、加工
传热效率下降	板片结垢严重 过滤器或管路堵塞	解体清理 清理

3. 换热器的清洗

换热器经过一段时间的运行，传热面上会产生污垢，使传热系数大大降低而影响传热效率，因此必须定期对换热器进行清洗，由于清洗的困难程度随着垢层厚度的增加而迅速增大，所以清洗间隔时间不宜过长。

换热器的清洗不外乎化学清洗和机械清洗两种方法，对清洗方法的选定应根据换热器的形式、污垢的类型等情况而定。一般化学清洗适用于结构较复杂的情况。如列管换热器管间、U形管内的清洗，由于清洗剂一般呈酸性，对设备多少会有一些腐蚀。机械清洗常用于坚硬的垢层、结焦或其他沉积物，但只能清洗清洗工具能够到达之处，如列管换热器的管内（卸下封头），喷淋式蛇管换热器的外壁、板式换热器（拆开后），常用的清洗工具有刮刀、竹板、钢丝刷、尼龙刷等。另外，还可以用高压水进行清洗。

(1) 化学清洗（酸洗法）　常用盐酸配制酸洗溶液，由于酸能腐蚀钢铁基体，因此在酸洗溶液中须加入一定数量的缓蚀剂，以抑制对基体的腐蚀（酸洗溶液的配制方法参阅有关资料）。

酸洗法的具体操作方法有两种。①重力法。借助于重力，将酸洗溶液缓慢注入设备，直至灌满，这种方法的优点是简单、耗能少，但效果差、时间长。②强制循环法。依靠酸泵使酸洗溶液通过换热器并不断循环，这种方法的优点是清洗效果好，时间相对较短，缺点是需要酸泵，较复杂。

进行酸洗时，要注意以下几点：①对酸洗溶液的成分和酸洗的时间必须控制好，原则上要求既要保证清洗效果又尽量减少对设备的腐蚀；②酸洗前检查换热器各部位是否有渗漏，如果有，应采取措施消除；③在配制酸洗溶液和酸洗过程中，要注意安全，须穿戴口罩、防护服、橡胶手套，并防止酸液溅入眼中。

(2) 机械清洗　对列管换热器管内的清洗，通常用钢丝刷，具体做法是用一根圆棒或圆管，一端焊上与列管内径相同的圆形钢丝刷，清洗时，一边旋转一边推进，通常，用圆管比用圆棒要好，因为圆管向前推进时，清洗下来的污垢可以从圆管中退出。注意，对不锈钢管不能用钢丝刷而要用尼龙刷，对板式换热器也只能用竹板或尼龙刷，切忌用刮刀和钢丝刷。

(3) 高压水清洗　采用高压泵喷出高压水进行清洗，既能清洗机械清洗不能到达的地方，又避免了化学清洗带来的腐蚀，因此，也不失为一种好的清洗方法。这种方法适用于清洗列管换热器的管间，也可用于清洗板式换热器。冲洗板式换热器中的板片时，注意将板片垫平，以防变形。

项目九　认识塔设备

项目说明

本项目主要学习了解塔设备在化工生产中的作用、常用材料、分类以及现状和要求；学习了解填料塔的基本形式、基本工作流程及优缺点，塔填料的类型及性能，塔填料的选择及安装，填料塔的内部构件及辅助设备；学习了解板式塔的基本形式、基本工作流程及其优缺点，常用板式塔的类型及特点，板式塔的辅助设备。

主要任务

■ 了解塔设备的相关知识；
■ 认识填料塔；
■ 认识板式塔。

任务一　了解塔设备的相关知识

任务目标：能够了解塔设备在化工生产中的作用、常用材料、分类以及现状和要求。

活动一　认识塔设备的作用

在日常生活中，对塔的印象大多局限在景区的一些建筑上，有木制的、钢制的、石材的等。如少林寺的塔林、巴黎的埃菲尔铁塔、意大利的比萨斜塔等，它们都有各种各样的用途。那么化工生产中的塔是什么样的呢？有什么作用呢？

在本活动中，要求到化工生产现场去做个调查，了解哪些设备被称为塔设备？它们所起的作用是什么？完成表9-1。

表9-1　塔设备及其作用表

序　号	设备名称	作　　用
1		
2		
3		
4		

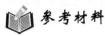参考材料

塔设备的作用

塔是化工生产过程中可使气液或液液两相之间进行紧密接触，达到相际传质及传热目的的设备。

塔设备在石油、化工、轻工等各工业生产中是仅次于换热设备的常见设备。在上述各工业生产过程中，常常需要将原料、中间产物或粗产品中的各个组成部分（称为组分）分离出来作为产品或作为进一步生产的精制原料，如石油的分离、粗酒精的提纯等。这些生产过程称为物

质分离过程或物质传递过程，有时还伴有传热和化学反应过程。传质过程是化学工程中一个重要的基本过程，通常采用蒸馏、吸收、萃取，以及吸附、离子交换、干燥等方法。相对应的设备又可称为蒸馏塔、吸收塔、萃取塔等。

活动二　认识塔设备的常用材料

在本活动中，要求到化工生产现场去进行调查，看一看生产中所用的塔设备都是什么材料做成的，完成表9-2。

表9-2　塔设备材料调查表

序　号	设备名称	设备材料
1		
2		
3		
4		

 参考材料

塔设备的材料

塔设备常用的材料可分为两大类，一类为金属材料，一类为非金属材料。金属材料具有较高的强度，较好的塑性，同时具有导电性和导热性等。作为基本构造用的金属，绝大部分是以铁为金属的合金，常称为黑色金属，包括碳钢，合金钢和铸铁。除铁基以外的金属称为有色金属，有铜、铝和铅等。

非金属材料具有耐腐蚀性好，品种多，资源丰富，造价便宜的优点，但机械强度低，导热常数小，耐热性差，对温度波动比较敏感，易渗透。因而在使用和制造上都有一定的局限性，常用作衬里和涂层。

塔设备一般置于室外，塔体是无框架的自支承式，因此绝大多数是采用钢材制造的。这是因为钢材具有足够的强度和塑性，制造性能较好、设计制造的经验也比较成熟，特别是在大型的塔设备中钢材更具有无法比拟的优势。

有些场合为了满足特殊的要求（如满足腐蚀性介质或低温等特殊的要求）采用有色金属材料（如钛、铝、铜、银等）或非金属耐腐蚀材料，也有为了减少有色金属的用量而采用渗铅、镀银等措施，或采用钢壳衬砌、衬涂非金属材料的。

塔设备内件的用材比塔体用材的选择空间更广泛。板式塔中的塔盘、浮阀和泡罩一类气液接触元件，由于结构较为复杂，加之安装工艺和使用方面的要求（如浮阀应能自由浮动），所以仍以钢材为主，其他材料（如陶瓷、铸铁等）为辅。填料的用材往往只考虑制造成型方面的性能，所以可用多种材料制成同一型式和外形尺寸的填料，以满足不同场合的需要。如拉西环最初是用陶瓷做的，后来又出现用钢或聚丙烯塑料等制的拉西环；丝网填料，除了用各种金属丝网外，还可用尼龙、塑料等编织成的丝网。

活动三　了解塔设备的分类及一般构造

塔设备经过长期发展，形成了型式繁多的结构，以满足各方面的特殊需要，为了便于研究和比较，人们从不同的角度对塔设备进行分类。

在本活动中，要求通过查阅相关的书籍和网络资源，了解塔设备是如何分类的，并完成如下的问题。

1. 塔设备的分类标准有哪些？常见的分类是什么？
2. 塔设备的一般基本构造包括哪些？

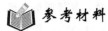参考材料

塔设备的分类及作用

按操作压力分为加压塔、常压塔和减压塔；

按作用分为精馏塔、吸收塔、解吸塔、萃取塔、反应塔和干燥塔；

按形成相际接触界面的方式分为具有固定相界面的塔和流动过程中形成相界面的塔；

按塔的内件构成分为板式塔和填料塔。

在塔设备中所进行的工艺过程虽然各不相同，但从传质的必要条件看，都要求在塔内有足够的时间和足够的空间进行接触，同时为提高传质效果，必须使物料的接触尽可能密切，接触面积尽可能大。为此常在塔内设置各种结构型式的内件，以把气体和液体物料分散成许多细小的气泡和液滴。但是长期以来，最常用的分类是按塔的内件结构分为填料塔（图9-1）和板式塔（图9-2）两大类。

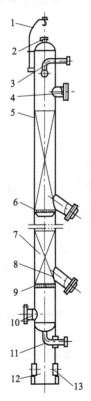

图 9-1　填料塔简图

1—吊柱；2—气体出口；3—喷淋装置；4—人孔；5—壳体；6—液体再分配器；7—填料；8—卸填料人孔；9—支承装置；10—气体入口；11—液体出口；12—裙座；13—检查孔

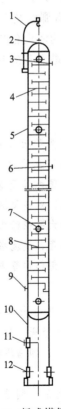

图 9-2　板式塔简图

1—吊柱；2—气体出口；3—回流液入口；4—精馏塔塔盘；5—壳体；6—料液进口；7—人孔；8—提馏段塔盘；9—气体入口；10—裙座；11—釜液出口；12—检查孔

在填料塔中，塔内装填一定段数和一定高度的填料层，液体沿填料表面呈膜状向下流动，作为连续相的气体自下而上流动，与液体逆流接触。两相的组分浓度沿塔高呈连续变化。

在板式塔中，塔内装有一定数量的塔盘，气体以鼓泡或喷射的形式穿过塔盘上的液层使两相密切接触进行传质。两相的组分浓度沿塔高呈阶梯式变化。

不论是填料塔还是板式塔，从设备设计角度看，其基本结构可以概括为：①塔体，包括圆筒、端盖和联接法兰等；②内件，指塔盘或填料及其支撑装置；③支座，一般为裙座支座；④附件，包括人孔、进出料接管、各类仪表接管、液体和气体的分配装置，以及塔外的扶梯、平台、保温层等。

塔体是塔设备的外壳。常见的塔体是由等直径、等壁厚的圆筒及上、下椭圆形封头所组成。随着装置的大型化，为了节约材料，也有不等直径、不等壁厚的塔体。塔体除应满足工艺条件下的强度要求外，还应校核风力、地震、偏心等载荷作用下的强度和刚度，以及水压试验、吊装、运输、开停车情况下的强度和刚度。另外对塔体安装的不垂直度和弯曲度也有一定的要求。

支座是指塔体的支承并与基础连接的部分，一般采用裙座。其高度视附属设备（如再沸器、泵等）及管道布置而定。它承受各种情况下的全塔重量，以及风力、地震等载荷，因此，应有足够的强度和刚度。

活动四　了解塔设备的现状及要求

在本活动中，要求通过查阅相关的书籍和网络资源，了解塔设备的使用现状如何？化工生产中对塔设备有哪些基本要求？并完成如下的问题。

1. 目前常用的塔设备是哪些？
2. 生产中对塔设备的基本要求有哪些？

参考材料

塔设备的发展现状

目前，我国常用的板式塔型仍为泡罩塔、浮阀塔、筛板塔和舌形塔等，填料种类除拉西环、鲍尔环外，阶梯环以及波纹填料、金属丝网填料等规整填料也常采用。

近年来，参考国外塔设备技术的发展动向，加强了对筛板塔的科研工作，提出了斜孔塔和浮动喷射塔等新塔型。对多降液管塔盘、导向筛板、网孔塔盘等，也都作了较多的研究，并推广应用于生产。其他如大孔径筛板、双孔径筛板、穿流式可调开孔率筛板、浮阀-筛板复合塔盘，以及喷射塔盘、角钢塔盘、旋流塔盘、喷旋塔盘、旋叶塔盘等多种塔型和金属鞍环填料的流体力学性能、传质性能和几何结构等方面的试验工作，也在进行，有些已取得了一定的成果并用于生产。

化工生产对塔设备的基本要求

作为主要用于传质过程的塔设备，除了应满足工艺要求，尚需要考虑下列基本要求。

① 气、液处理量大，接触充分，效率高，流体流动阻力小。
② 操作弹性大，即当塔的负荷变动大时，塔的操作仍然稳定，效率变化不大，且塔设备能长期稳定运行。
③ 结构简单可靠，制造安装容易，成本低。
④ 不易堵塞，易于操作、调节及检修。

任务二　认识填料塔

任务目标：学习了解填料塔的基本形式、基本工作流程及其优缺点，塔填料的类型及性

能，塔填料的选择及安装，填料塔的内部构件及辅助设备。

活动一　了解填料塔的相关知识

在本活动中，要求通过到化工生产现场去做调查、咨询，以及通过查阅相关的书籍和网络资源，看一看生产中所用的填料塔的形式有哪些，基本工作流程是什么，填料塔的优缺点是什么？并完成如下的问题。

填料塔中的气液两相是怎样接触的，哪个是连续相，哪个是分散相？

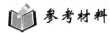参考材料

填料塔基础知识

填料塔的基本型式如图 9-1 所示，在圆桶形的塔体内放置专用的填料作为接触元件，其作用是使从塔顶下流的液体沿着填料表面散布成大面积的液膜，并使从塔底上升的气流（气流或比重较轻的液流）增强湍流，从而提供良好的接触条件。在塔底，设有液体出口、气体入口和填料的支撑结构；在塔顶，则有气体出口、液体入口以及液体的分布装置，通常还设有除沫装置（图中未表示出来）以除去气流中所夹带的雾沫。

在填料塔的操作中，气体在压强差的推动下，自下而上通过填料间的间隙，由塔的底部流向顶部；吸收剂则由塔顶喷淋装置喷出分布在填料层上，靠重力作用沿填料表面向下流动形成液膜，由塔底引出。气液两相在塔内逆流接触，两相组成沿塔高连续变化，在正常操作条件下，气相为连续相，液相为分散相。

填料塔具有结构简单，造价低廉，制造方便，便于处理腐蚀性物料（填料一般有耐腐蚀材料制成），气液接触效果好，压力降小等优点。在处理容易产生泡沫的物料以及用于真空操作时，更有其独特的优越性。

填料塔的缺点是体积大，重量大，传质效率差，不适用于处理污浊液体和含尘气体，操作稳定性较差，填料容易堵塞，以及容易发生沟流现象等。但是近年来由于填料的不断改进，新型、高效、高负荷填料的开发，既提高了塔的通过能力和传质效率，又改善了沟流现象，同时还保持了其原有的优点，因此填料塔已被推广到许多大型气液操作中，尤其是特别适合于真空精馏操作。

填料塔除具有塔体外，还有液体分配器、填料及填料支承、液体再分配器、除沫器、支座、接管及人孔等。

活动二　认识塔填料的类型及性能

在本活动中，要求到化工生产现场去进行调查，在生产的场合使用了哪些填料？通过查阅相关的书籍和网络资源，了解常见填料的结构是怎样的？有什么特点？并完成如下的问题及表 9-3。

1. 简单描述填料的类型。
2. 简单描述常见填料的结构及特点。

表 9-3　常见填料种类及作用表

序　号	类　型	作　用
1		
2		
3		
4		

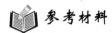

填料的分类

填料是填料塔的核心构件,是填料塔中的传质元件,它提供了气液两相接触传质的相界面,是决定填料塔性能的主要因素。

填料的种类很多,它可以有不同的分类。按性能分为通用填料和高效填料;按形状分为颗粒填料和规整填料;按填料的结构分为实体填料和网体填料两大类。实体填料包括环形填料(如拉西环、鲍尔环和阶梯环)、鞍形填料(如弧鞍、矩鞍)以及栅板填料和波纹填料等,由陶瓷、金属、塑料等材质制成。网体填料主要是由金属丝网制成的各种填料,如鞍形网、θ网、波纹网等。

常见填料的性能

1. 拉西环

拉西环是工业上最老的应用最广泛的一种填料。它的构造如图9-3所示,是外径和高度相等的空心圆柱。在强度允许的情况下,其壁厚应当尽量减薄,以提高空隙率并减小堆积填料的重度。

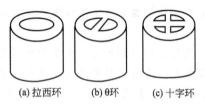

图9-3 拉西环及其衍生型

拉西环虽然应用很广,但存在着一定的缺点。在填料塔内,由于拉西环堆放的不均匀,而使一部分填料不能和液体接触,形成沟流及壁流,减小了汽液两相实际接触面,因而效率随塔径及层高的增加而显著下降;对气体流速的变化敏感、操作弹性范围较窄;气体阻力较大等。这些都不能适应当前工业发展的需要。

2. 鲍尔环

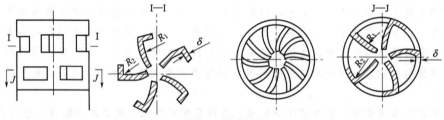

图9-4 鲍尔环

鲍尔环是针对拉西环存在的缺点加以改进而研制成功的一种填料。它的构造如图9-4所示,在普通拉西环的壁上开上下两层长方形窗孔,窗子L部分的环壁形成叶片向环中心弯入,在环中心相搭,上下两层小窗位置交叉。由于鲍尔环填料在环壁上开了许多窗孔,使得填料塔内的气体和液体能够从窗子L部分自由通过,填料层内气体和液体分布得到改善,同时降低了气体流动阻力。

鲍尔环的优点是气体阻力小,压强降小,液体分布比较均匀,稳定操作范围比较大,操作及控制简单。

3. 阶梯环

阶梯环是对鲍尔环进一步改进的产物。阶梯环的总高为直径的5/8,圆筒一端有向外翻卷的喇叭口,如图9-5所示。这种填料的空隙率大,而且填料个体之间呈点接触,可使液膜不断更新,具有压

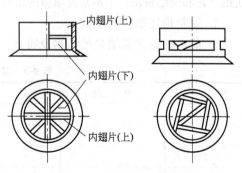

图9-5 塑料阶梯环的结构

力降小和传质效率高等特点,是目前使用的环形填料中性能最为良好的一种。阶梯环多用金属及塑料制造。

4. 矩鞍形填料

如图 9-6 所示,矩鞍形填料是一种敞开型填料。散装于塔内互相处于套接状态,不容易形成大量的局部不均匀区。

图 9-6 矩鞍填料

矩鞍形填料的优点是有较大的空隙率,阻力小,效率较高,且因液体流道通畅,不易被悬浮物堵塞,制造也比较容易,并能采用价格便宜又耐腐蚀的陶瓷和塑料等。实践证明,矩鞍形填料是工业上较为理想而且很有发展前途的一种填料。

5. 波纹填料与波纹网填料

波纹填料是由许多层波纹薄板制成,各板高度相同但长短不等,搭配排列而成圆饼状,波纹与水平方向成45°倾角,相邻两板反向叠靠,使其波纹倾斜方向互相垂直。圆饼的直径略小于塔壳内径,各饼竖直叠放于塔内。相邻的上下两饼之间,波纹板片排列方向互成90°角,如图 9-7 所示。波纹填料的特点是结构紧凑,比表面积大,流体阻力小,液体经过一层都得到一次再分布,故流体分布均匀,传质效果好。同时,制作方便,容易加工,可用多种材料制造,以适应各种不同腐蚀性、不同温度、压力的场合。

丝网波纹填料是用丝网制成一定形状的填料,是一种高效率的填料,其形状有多种。优点是丝网细而薄,做成填料体积较小,比表面积和空隙率都比较大,因而传质效率高。波纹填料的缺点是制造价格很高,通道较小,清理不方便,容易堵塞,不适宜于易结垢和含固体颗粒的物料,故它的应用范围受到很大限制。

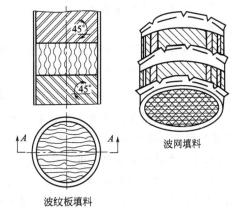

图 9-7 波纹网填料

填料的性能评价

气液两相在填料表面进行逆流接触,填料不仅提供了气液两相接触的传质表面,而且促使气液两相分散,并使液膜不断更新。填料性能的优劣通常根据效率、流量及压降三要素衡量。在相同的操作条件下,填料的比表面积越大,气液分布越均匀;表面的润湿性能越优良,传质效率越高;填料的空隙率越大,结构越开敞,则流量越大,压降亦越低。

活动三 了解塔填料的选择及安装

在本活动中,要求通过查阅相关的书籍和网络资源,了解选择填料的原则有哪些?并完成如下的问题。

填料的选料原则是什么?

 参考材料

填料的选料原则

填料的作用是为气、液两相提供充分的接触面,并为提高湍流程度创造条件,以利于传质。它们应能使气、液接触面大,传质系数高,同时通量大而阻力小,因此在选料时应遵循以下原则。

(1) 有较大的比表面积 单位体积填料层所具有的表面积称为比表面积,单位为 m^2/m^3。

在吸收塔中，填料的表面只有被流动的液相所润湿，才可能构成有效的传质面积。填料的比表面积越大，所提供的气液传质面积越大，对吸收越有利。因此应选择比表面积大的填料，此外还要求填料有良好的润湿性能及有利于液体均匀分布的形状。

（2）有较高的空隙率　单位体积填料层具有的空隙体积称为空隙率，单位为 m^3/m^3。当填料的空隙率较高时，气流阻力小，气体通过的能力大，气液两相接触的机会多，对吸收有利；同时，填料层质量轻，对支承板要求低。

（3）具有适宜的填料尺寸和堆积密度　单位体积填料的质量为填料的堆积密度。单位体积内堆积填料的数目与填料的尺寸大小有关。对同一种填料而言，填料尺寸小，堆积的填料数目多，比表面积大，空隙率小，则气体流动阻力大；反之填料尺寸过大，在靠近塔壁处，由于填料与塔壁之间的空隙大，易造成气体由此短路通过或液体沿壁下流，使气液两相沿塔截面分布不均匀，为此，填料的尺寸不应大于塔径的 1/10~1/8。

（4）有足够的机械强度　为使填料在堆砌过程及操作中不被压碎，要求填料具有足够的机械强度。

（5）化学稳定性　对于液体和气体均须具有化学稳定性。

（6）其他　制造容易，价格便宜。

填料的安装

填料的安装对保证塔的分离效率至关重要。填料在塔内的堆积形式有整砌（规整）和乱堆（散装）两种。实行整砌的主要是各种组合型填料，如实体波纹板、波纹网、平行板等，也有将几何尺寸较大的颗粒状填料进行整砌的。对于直径小于 800mm 的小塔，整砌填料通常做成整圆盘；对于直径大于 800mm 的塔，整砌填料通常分成若干块，在塔内组装。整砌填料装卸费工，但对气体阻力较小。尺寸小的颗粒状填料一般采用乱堆，这是一种无规则的堆积，装填方便，但所形成的填料层阻力较大。容易造成填料填充密度不均，甚至可造成金属填料变形，陶瓷填料破碎，从而引起气液分布不均匀，使分离效率下降。

活动四　了解填料塔的内部构件及辅助设备

在本活动中，要求到化工生产现场去进行调查，填料塔中常见的内件有哪些以及辅助设备有哪些及相关作用？通过查阅相关的书籍和网络资源，了解对常见的内件及辅助设备的要求有哪些？完成如下的问题及表 9-4。

常见的填料塔的内部构件有哪些以及相应的要求？

表 9-4　填料塔的内部构件及辅助设备作用表

序　号	名　称	作　用
1		
2		
3		
4		

参考材料

填料支撑装置

填料支承装置的作用是支承塔内填料床层。对填料支承装置的要求是：①应具有足够的强度和刚度，能承受填料的质量、填料层的持液量以及操作中附加的压力等；②应具有大于填料层空隙率的开孔率,防止在此首先发生液泛,进而导致整个填料层的液泛;③结构要合理,利于气液两相均匀分布,阻力小,便于拆装。

常用的填料支承装置有栅板型、孔管型、骆峰型等,选择哪种支承装置,主要根据塔径、使用的填料种类及型号、塔体及填料的材质、气液流量等而定。

液体分布器

液体淋洒不良就不能在填料表面散布均匀,甚至出现沟流现象,严重降低填料表面有效利用率。要做到液体分布良好,对于直径1m以内的塔,淋洒点按正方形排列时两点的间距应为8～15cm;对于直径 $d>1m$ 的塔,淋洒点数可大致按 $(5d)^2$ 设置。因液体在填料层中趋于流向塔壁,故淋洒到填料层顶部的液体,落到塔壁附近(距壁面为5%～10%塔径处)不得超过10%。

液体分布器除图9-1上的分支管(在小型塔中用)以外,还有下列几种型式。

(1) 多孔管　由总管通入液体,各水平支管壁上开许多小孔送出液体。这种装置对气流阻力最小,适于在小塔内使用,在比较大的塔内则可装喷头代替小孔。

(2) 升气管筛板型　它为一个直径比塔径略小的圆盘,盘上开许多小孔以分布液体,上升气体则通过盘上的升气管流到塔顶出口。这种结构的阻力稍大,也有可能发生液泛,用于直径1m左右的中小型塔。

(3) 升气管溢流型　构造上只是将圆盘底部的小孔取消,改为在升气管上端的侧边开切口,令盘内的液体沿升气管内壁溢流。这种构造比上一型较难堵塞。

(4) 溢流槽　由一个总槽正交搁置在几个分槽上构成,各槽的侧壁开溢流切口。总槽承受液体,分槽将液体分布到填料层顶。槽可直接搁在填料层顶面。这种装置适于在直径1m以上的大塔内使用。

液体再分布器

液体再分布器的作用是将流到塔壁近旁的液体重新汇集并引向中央区域。填料层比较高时,便应分段安装,段与段间设液体再分布器。最简单的型式是图9-1所示的截锥式。比较完善的装置可以作成像上述升气管筛板型液体分布器的样子,只是要在各升气管口之上加笠形罩,以防止从上段填料层底落下的液体进入升气管。平盘底部各处的液层高度大致相同,于是各处筛孔所流下的液体速度大致相同。

任务三　认识板式塔

任务目标:能够了解板式塔的基本形式、基本工作流程以及其优缺点,常用板式塔的类型及特点,板式塔的辅助设备。

活动一　了解板式塔的基本知识

在本活动中,要求通过到化工生产现场去做调查、咨询,以及通过查阅相关的书籍和网络资源,了解生产中所用的板式塔的形式是哪些?板式塔的优缺点是什么?完成下面的问题。

1. 板式塔中的气液两相是怎样接触的,其工作原理是什么?
2. 板式塔的基本构件包括哪些?
3. 比较板式塔和填料塔的不同处。

板式塔基本知识

板式塔通常是由一个呈圆柱形的壳体及沿塔高按一定的间距水平设置的若干层塔板所组成,

如图9-2所示。在操作时，液体靠重力作用由顶部逐板向塔底流动，并在各层塔板的板面上形成一定厚度的流动的液层；气体则在压力差推动下，由塔底向上经过均匀分布在塔板上的开孔依次穿过各层塔板，以鼓泡状态或喷射状态与液体相互接触，进行传质、传热及化学反应，由塔顶排出。塔内以塔板作为气液两相接触的传质的基本构件。在塔内，气流与液流依次在各层塔板上接触、传质，可见其浓度沿着塔高呈阶跃式变化。

工业生产中的板式塔，常根据塔板间有无降液管沟通而分为有降液管及无降液管两大类，用得最多的是有降液管式的板式塔（如图9-2所示），它主要由塔体、溢流装置和塔板构件等组成。

（1）塔体　通常为圆柱形，常用钢板焊接而成，有时也将其分为若干塔节，塔节间用法兰盘联接。

（2）溢流装置　溢流装置包括出口堰、降液管、进口堰、受液盘等部件。

① 出口堰　为保证气液两相在塔板上有充分接触的时间，塔板上必须贮有一定量的液体。为此，在塔板的出口端设有溢流堰，称出口堰。塔板上的液层厚度或持液量很大程度上由堰高决定。生产中最常用的是弓形堰，小塔中也有用圆形降液管升出板面一定高度作为出口堰的。

② 降液管　降液管是塔板间流液的通道，也是溢流液中所夹带气体分离的场所。正常工作时，液体从上层塔板的降液管流出，横向流过塔板，翻越溢流堰，进入该层塔板的降液管，流向下层塔板。降液管有圆形和弓形两种，弓形降液管具有较大的降液面积，气液分离效果好，降液能力大，因此生产上广泛应用。

为了保证液流能顺畅地流入下层塔板，并防止沉淀物堆积和堵塞液流通道，降液管与下层塔板间应有一定的间距。为保持降液管的液封，防止气体由下层塔进入降液管，此间距应小于出口堰高度。

③ 受液盘　降液管下方部分的塔板通常又称为受液盘，有凹型及平型两种，一般较大的塔采用凹型受液盘，平型则就是塔板面本身。

④ 进口堰　在塔径较大的塔中，为了减少液体自降液管下方流出的水平冲击，常设置进口堰。可用扁钢或直径8~10mm的圆钢直接点焊在降液管附近的塔板上而成。为保证液流畅通，进口堰与降液管间的水平距离不应小于降液管与塔板之间的间距。

（3）塔板　塔板的结构形式有多种，如斜孔板、筛板、旋流板等，板上设有溢流堰，以保持约30mm厚度的液层。操作中合适的气液比例非常重要，气量过大，则气速过高，穿过筛孔时会以连续相通过塔板液层，形成气体短路，并增大阻力；气量过小或液流量过大，会导致液体从筛孔泄漏，降低吸收效率。筛孔孔径一般为3~8mm，塔板开孔率为5%~15%，空塔气速为10~25m/s，穿孔气速约为4.5~12.8m/s，每层塔板的压降约为800~2000Pa。

同时，除了这些主要部件外还有一些附属部件。如为了保温，塔体上焊有的保温材料的支撑圈；为检修方便，在塔顶装有的吊柱；塔盘上装有的挡板、除沫器等。

板式塔具有物料处理量大，重量轻，清理检修方便，操作稳定性好，空塔速度较高，且便于满足工艺上的特殊要求，如多段取出不同馏分等。

板式塔的缺点是结构复杂，成本较高，压降损失也较大。

活动二　认识常用板式塔的类型及特点

在本活动中，要求到化工生产现场去进行调查，在生产的场合使用了哪些类型的板式塔？通过查阅相关的书籍和网络资源，了解常见板式塔的气液接触元件结构是怎样的，有哪些类型各有什么特点？完成表9-5。

表 9-5　常见板式塔类型及特点表

序号	类型	特点
1		
2		
3		
4		

参考材料

常用板式塔分类

根据板式塔塔盘结构，尤其是塔盘上气液接触元件的不同，可将常用板式塔分类如下。

1. 泡罩塔

泡罩塔是随工业蒸馏的建立而发展起来的，是应用最早的塔型，其结构如图 9-8 所示。塔板上的主要元件为泡罩，泡罩尺寸一般为 80mm、100mm、150mm 三种，可根据塔径的大小来选择，泡罩的底部开有齿缝，泡罩安装在升气管上，从下一块塔板上升的气体经升气管从齿缝中吹出，升气管的顶部应高于泡罩齿缝的上沿，以防止液体从中漏下，由于有了升气管，泡罩塔即使在很低的气速下操作，也不至于产生严重的漏液现象。

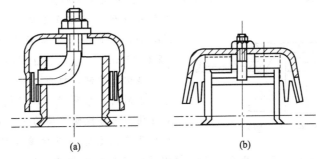

图 9-8　圆泡罩

泡罩的制造材料有：碳钢、不锈钢、合金钢、铜、铝等，特殊情况下亦可用陶瓷以便防腐蚀。泡罩的直径通常为 80～150mm（随塔径增大而增大），在板上按正三角形排列，中心距为泡罩直径的 1.25～1.5 倍。

泡罩塔板上的升气管出口伸到板面以上，故上升气流即使暂时中断，板上液体亦不会流尽，气体流量减少，对其操作的影响亦小。有此特点，泡罩塔可以在气、液负荷变化较大的范围内正常操作，并保持一定的板效率。为了便于在停工以后能放净板上所积存的液体，每板上都开少数排液孔，称为泪孔，直径 10mm 左右，位于板面上靠近溢流堰入口一侧。

泡罩塔操作稳定，操作弹性（即能正常操作的最大负荷与最小负荷之比）可达 4～5。但是，由于它的构造比较复杂，造成造价高，阻力（气体通过每层板的压力降）大，而气、液通过的量和板效率却比其他类型板式塔低，现已逐渐被其他型式的塔所取代。然而，由于它的使用历史长，对它研究得比较充分，设计数据也积累得较为丰富，故在某些场合中它仍在使用。其后对其他类型塔板性能的研究，亦多是以对泡罩塔的研究成果为基础，进一步加以发展而进行的。

2. 筛板塔

筛板塔的出现，仅迟于泡罩塔 20 年左右，当初它长期被认为操作不易稳定，在 20 世纪 50

年代以前，它的使用远不如泡罩塔普遍。其后因急于寻找一种简单而价廉的塔型，对其性能的研究不断深入，已能作出比较有把握的设计，使得筛板塔又成为应用最广的一种类型。筛板与泡罩板的差别在于取消了泡罩与升气管，而直接在板上开很多小直径的孔——筛孔。操作时气体以高速通过小孔上升，液体则通过降液管流到下一层板。分散成泡的气体使板上液层成为强烈湍动的泡沫层。

筛板多用不锈钢板或合金钢板制成，使用碳钢的比较少。孔的直径约 3～8mm，以 4～5mm 较常用，板的厚度约为孔径的 0.4～0.8 倍。此外，又有一种大孔筛板，孔径在 10mm 以上，用于有悬浮颗粒与脏污的场合。

筛板塔的结构简单，造价低，它的生产能力（以单位塔截面的气体通过量计）比泡罩塔高 10%～15%，板效率亦约高 10%～15%，而每板压力降则低 30% 左右。曾经认为，这种塔板在气体流量增大时，液体易大量冲到上一层板，气体流量小时则液体大量经筛孔直接流到下一层板，故板效率不易保持稳定。实际操作经验表明，筛板在一定程度的漏液状况下操作时，其板效率并无明显下降，其操作的负荷范围虽然较泡罩塔为窄，但设计良好的塔，其操作弹性仍可达 2～3。

3. 浮阀塔

浮阀塔是近几十年发展起来的，现已和筛板塔一样，成为使用最广泛的一种塔型，其原因是浮阀塔在一定程度上兼有前述两种塔的长处。

浮阀塔板上开有按正三角形排列的阀孔，每孔之上安置一个阀片。图 9-9 所示的是浮阀的一

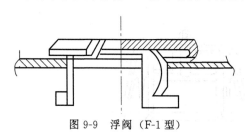

图 9-9 浮阀（F-1 型）

种型式（我国标准 F-1 型）。阀片为圆形（直径 48mm），下有三条带脚钩的垂直腿，插入阀孔（直径 39mm）中。气速达到一定时，阀片被推起，但受脚钩的限制，推到最高也不能脱离阀孔。气速减小则阀片落到板上，靠阀片底部三处突出物支撑住，仍与板面保持约 2.5mm 的距离。塔板上阀孔开启的数量按气体流量的大小而有所改变。

因此，气体从浮阀送出的线速度变动不大，鼓泡性能可以保持均衡一致，使得浮阀具有较大的操作弹性，一般为 3～4，最高可到 6。浮阀的标准重量有两种，轻阀约 25g，重阀约 33g。一般情况下用重阀，轻阀则用于真空操作或液面落差较大的液体进板部位。

浮阀的直径比泡罩小，在塔板上可排列得更紧凑，从而可增大塔板的开孔面积，同时气体以水平方向进入液层，使带出的液沫减少而气液接触时间却加长，故可增大气体流速而提高生产能力（比泡罩塔提高约 20%），板效率亦有所增加，压力降却比泡罩塔小。不足的是在使用过程中阀片有可能松落或被卡住，造成气液不能正常通过。因此，为避免阀片生锈后与塔板粘连，以致阀空被堵，浮阀及塔板都要用不锈钢制成。此外，黏性液体以及含有较大固体颗粒的液体也不宜用。

4. 舌片板塔与浮舌板塔

此类型的板塔不同于前三种。此类的气体是可以喷射到塔板的液层中的，而前三种气体是以鼓泡的方式通过液层的。

舌片板也是近几十年才发展起来的，但使用不如筛板、浮阀板广泛。这种塔板是于平板上冲压出许多向上翻的舌形小片而作成，如图 9-10 所示。塔板上冲出舌片后，所留下的孔也是舌的形状。舌半圆形部分的半径为 R，其余部分的长度为 A，宽度为 2R。舌片对板的倾角为 18°、20°或 25°（以 20°最为常用）。舌孔规格（以 mm 计）A×R 有 25×25 与 50×50 两种。

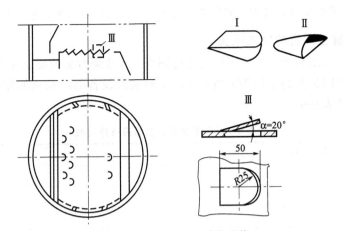

图 9-10 舌形塔盘及舌孔形状

Ⅰ—三面切口舌片；Ⅱ—拱形舌片；Ⅲ—固定舌片的几何形状

舌片板上亦设降液管，但管的上口没有溢流堰。从上层板经降液管流下的液体淹没了板上的舌片，在板上从各舌片的根部向尖端流动；同时，自下层板上升的气体则在舌与孔之间几乎成水平地喷射出来，速度可达 20~30m/s，冲向液层，将液体分散成滴或束。这种喷射作用使两相的接触大为强化，从而提高传质效果。由于气体喷出的方向与液流方向大体上一致，前者对后者起推动作用，使液体流量加大而液面落差不增。板上液层薄，也就使塔板的阻力减小，液沫夹带也少一些。

舌片板塔的气、液通量比泡罩塔与筛板塔的都大；但因气液接触时间比较短，效率并不很高；又因气速小了便不能维持喷射操作方式，它的操作弹性比较小，只能在一定的负荷范围内才能取得较好的分离效果。

浮舌板上的主要构件——浮舌的构形如图 9-11 所示。易于看出这种构造是舌片与浮阀的结合：既可令气体以喷射方式进入液层，又可在负荷改变时，令舌阀的开度随着负荷改变而使喷射速度大致维持不变。因此，这种塔板与固定舌片板相比较，操作较为稳定，操作弹性比较大，效率高一些，压力降也小一些。

5. 穿流筛板塔与穿流栅板塔

前述各种塔板上，气、液两相均成错流流动。另有一类气、液两相成逆流流动的塔板，叫穿流塔板或淋降塔板。板上开小孔的为穿流筛板，板上开条形狭缝的为穿流栅板。板

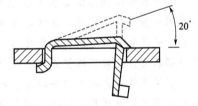

图 9-11 浮舌舌片构造

与板之间不设降液管，液体沿孔或缝的周边向下流动，气体则在孔或缝的中央向上流动。气流对液流的阻滞，使板上保持一定厚度的液层，让气体鼓泡通过。板上的泡沫层高度比较小，因此压力降比较小，板效率比泡罩板的也低一些。

穿流塔板节省了溢流管所占的面积，于是按整个塔截面设计的通量可增加，使生产能力提高；同时结构也简单，造价低廉。它的主要缺点是操作受气、液流量的制约大，流动速度变动范围窄，操作弹性在 3 以内，常不超过 2。

板式塔型式的差别主要在于塔板结构。除了上述几种外，还有一些使用得比较少的结构型式。而且，新的型式还不断出现，现有的还可以出现各种变体。例如，泡罩可以作成长条形（条形泡罩），筛板上的孔可以是倾斜的（斜孔筛板），浮舌可以改为贯通板面的浮片，像百叶窗的叶片（浮动喷射板）。不论是全新型或是改进型，一般都是为了克服现有塔板某方面的弱点而开

发的，以便适应特定的要求，其中有些已在特定的领域内使用，取得良好效果。

活动三 了解板式塔的辅助设备

在本活动中，要求到化工生产现场去进行调查，板式塔常见的辅助设备有哪些及相关作用是什么？通过查阅相关的书籍和网络资源，了解辅助设备的结构是怎样的？有什么特点？完成如下的问题及表 9-6。

表 9-6 板式塔常见的辅助设备作用表

序 号	名 称	作 用
1		
2		
3		
4		

简单描述常见辅助设备的结构及特点？

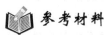
参考材料

精馏装置的辅助设备

精馏装置的辅助设备主要是各种型式的换热器，包括塔底溶液再沸器、塔顶蒸汽冷凝器、料液预热器、产品冷却器等，另外还需管线以及流体输送设备等。其中再沸器和冷凝器是保证精馏过程能连续进行稳定操作所必不可少的两个换热设备。

再沸器的作用是将塔内最下面的一块塔板流下的液体进行加热，使其中一部分液体发生汽化变成蒸汽而重新回流入塔，以提供塔内上升的气流，从而保证塔板上汽、液两相的稳定传质。

冷凝器的作用是将塔顶上升的蒸汽进行冷凝，使其成为液体，之后将一部分冷凝液从塔顶回流入塔，以提供塔内下降的液流，使其与上升气流进行逆流传质接触。

再沸器和冷凝器在安装时应根据塔的大小及操作是否方便而确定其安装位置。对于小塔，冷凝器一般安装在塔顶，这样冷凝液可以利用位差而回流入塔；再沸器则可安装在塔底。对于大塔（处理量大或塔板数较多时），冷凝器若安装在塔顶部则不便于安装、检修和清理，此时可将冷凝器安装在较低的位置，回流液则用泵输送入塔；再沸器一般安装在塔底外部。

安装于塔顶或塔底的冷凝器、再沸器均可用夹套式或内装蛇管、列管的间壁式换热器，而安装在塔外的再沸器、冷凝器则多为卧式列管换热器。

参 考 文 献

[1] 冷土良. 化工单元过程及操作. 北京：化学工业出版社，2002.
[2] 谭天恩，麦本熙，丁惠华. 化工原理. 北京：化学工业出版社，1998.
[3] 王志魁. 化工原理. 北京：化学工业出版社，2004.
[4] 周志安，尹华杰，魏新利. 化工设备基础. 北京：化学工业出版社，1996.
[5] 路秀林等. 化工设备全书：塔设备. 北京：化学工业出版社，2004.
[6] 秦书经等. 化工设备全书：换热器. 北京：化学工业出版社，2003.
[7] 杨永杰. 化工环境保护概论. 北京：化学工业出版社，2006.
[8] 汪大翚，徐新化. 化工环境保护概论. 北京：化学工业出版社，2006.
[9] 陆培文，孙晓霞，杨炯良. 阀门选用手册. 北京：机械工业出版社，2001.
[10] 杨源泉. 阀门设计手册. 北京：机械工业出版社，2000.
[11] 李景辰等. 压力容器基础知识. 北京：劳动人事出版社，1996.
[12] 陈性永. 化工安全生产知识. 北京：化学工业出版社，2004.
[13] 朱宝轩，刘向东. 化工安全技术基础. 北京：化学工业出版社，2004.
[14] 李守忠等. 化工电气和化工仪表. 北京：化学工业出版社，2000.
[15] 厉玉鸣. 化工仪表及自动化. 北京：化学工业出版社，2006.
[16] 蔡夕忠. 化工仪表. 北京：化学工业出版社，2004.